Paul Alpar
Joachim Niedereichholz (Hrsg.)

# Data Mining im praktischen Einsatz

# Business Computing

Bücher und neue Medien aus der Reihe Business Computing verknüpfen aktuelles Wissen aus der Informationstechnologie mit Fragestellungen aus dem Management. Sie richten sich insbesondere an IT-Verantwortliche in Unternehmen und Organisationen sowie an Berater und IT-Dozenten.

In der Reihe sind bisher erschienen:

**SAP, Arbeit, Management**
von AFOS

**Steigerung der Performance von Informatikprozessen**
von Martin Brogli

**Professionelles Datenbank-Design mit ACCESS**
von Ernst Tiemeyer
und Klemens Konopasek

**Qualitätssoftware durch Kundenorientierung**
von Georg Herzwurm,
Sixten Schockert und Werner Mellis

**Modernes Projektmanagement**
von Erik Wischnewski

**Projektmanagement für das Bauwesen**
von Erik Wischnewski

**Projektmanagement interaktiv**
von Gerda M. Süß
und Dieter Eschlbeck

**Elektronische Kundenintegration**
von André R. Probst
und Dieter Wenger

**Moderne Organisationskonzeptionen**
von Helmut Wittlage

**SAP® R/3® im Mittelstand**
von Olaf Jacob und Hans-Jürgen Uhink

**Unternehmenserfolg im Internet**
von Frank Lampe

**Electronic Commerce**
von Markus Deutsch

**Client/Server**
von Wolfhard von Thienen

**Computer Based Marketing**
von Hajo Hippner, Matthias Meyer
und Klaus D. Wilde (Hrsg.)

**Dispositionsparameter von SAP® R/3-PP®**
von Jörg Dittrich, Peter Mertens
und Michael Hau

**Marketing und Electronic Commerce**
von Frank Lampe

**Projektkompass SAP®**
von AFOS und Andreas Blume

**Projektleitfaden Internetpraxis**
von Michael E. Sträubig

**Telemarketing**
von Dirk Bauer

**Existenzgründung im Internet**
von Christoph Ludewig

**Joint Requirements Engineering**
von Georg Herzwurm

**Controlling von Projekten mit SAP R/3®**
von Stefan Röger, Frank Morelli und
Antonio del Mondo

**Silicon Valley – Made in Germany**
von Christoph Ludewig,
Dirk Buschmann und
Nicolai Oliver Herbrand

**Data Mining im praktischen Einsatz**
von Paul Alpar und
Joachim Niedereichholz (Hrsg.)

Paul Alpar
Joachim Niedereichholz (Hrsg.)

# Data Mining
## im praktischen Einsatz

Verfahren und Anwendungsfälle
für Marketing, Vertrieb, Controlling
und Kundenunterstützung

Die Deutsche Bibliothek – CIP-Einheitsaufnahme
Ein Titeldatensatz für diese Publikation ist bei
Der Deutschen Bibliothek erhältlich.

1. Auflage September 2000



Konzeption und Layout des Umschlags: Ulrike Weigel, www.CorporateDesignGroup.de
ISBN 978-3-528-05748-0          ISBN 978-3-322-89950-7 (eBook)
DOI 10.1007/978-3-322-89950-7

# Vorwort

Data Mining ist heute im Zeitalter der Internet-Portale und des e-Commerce aber auch im klassischen Vertrieb ein nicht mehr wegzudenkender Bestandteil der Kundenbetreuung und eines zielgerichteten Marketings. Umso erstaunlicher ist es, dass vergleichsweise wenig praxisnahe Literatur zum Einsatz der entsprechenden Methoden existiert. Es ist deshalb erfreulich, dass die Herausgeber des vorliegenden Werkes, Professor Dr. Alpar, Universität Marburg und Prof. Dr. Niedereichholz, Universität Mannheim, aus ihrem aktuellen Forschungs- und Arbeitsgebiet Arbeiten zum Data Mining zusammengestellt haben, die sie selbst betreuten - in Form von Praxis-Diplomarbeiten und -Dissertationen oder -Projekten. Dabei ging es nicht darum, neue Algorithmen für das Data Mining zu entwickeln, sondern um die Erprobung und den Vergleich bestehender Data Mining-Methoden und -Werkzeuge in produktiven Umgebungen.

Die einzelnen Arbeiten des vorliegenden Werkes machen klar, dass Data Mining heute zwar in Form vielfältiger einzelner Werkzeuge und in OLAP- oder Datawarehouse-Systemen einsatzbereit ist, dass aber die Implementierung und fallgerechte Handhabung beachtliche Kenntnisse erfordern. Obwohl Standardsoftware eingesetzt wurde, waren in fast allen Fällen auch Programmierarbeiten notwendig, z.B. um Schnittstellen zwischen verschiedenen Systemen zu schaffen oder die Präsentation der Ergebnisse anschaulicher zu gestalten.

Der Endbenutzer in der Fachabteilung ist - auf sich gestellt - damit sicher überfordert, dies betonen auch alle Softwareanbieter. Neben guten Fachkenntnissen sind Kenntnisse der Informationstechnologie und der quantitativen Methoden unentbehrlich, um die dem jeweiligen Anwendungsproblem gerechte Analyse, Datenaufbereitung, Methodenauswahl und Schlussfolgerung durchzuführen.

Data Mining ist allerdings aus der Isolation in Form von Vorläufersystemen wie Neuronalen Netzen, in gewissem Maße auch Expertensystemen, herausgetreten und in Gesamtsysteme integriert worden. Dies wird auch anhand einiger Projektbeispiele des vorliegenden Bandes klar. Der große Nutzen von Data Mining kann schließlich nur im Zusammenhang mit zentralen Unternehmensanliegen realisiert werden, die heute mit Schlagworten wie Wissensmanagement oder Customer Relationship Management umschrieben werden.

Positiv ist zu vermerken, dass die Autoren dem am Data Mining Interessierten echte Handlungshilfen anbieten. Dies geschieht nicht in Form abzuarbeitender Checklisten, sondern fallbezogen und auch auf die jeweilige Branche abgestimmt, der das Fallbeispiel entstammt. Es verwundert nicht, dass mehrere Arbeiten aus dem Gebiet des Versandhandels und der Telekommunikation stammen, Branchen, in denen sehr schnell reagiert werden muss und die schon lange über große Datenbestände verfügen. Hier kann schon nach einer kurzen Investitionsanalyse erkannt werden, dass sich der Einsatz der Methoden inklusive Fachleute und Hardware mit hoher Wahrscheinlichkeit schnell bezahlt macht. Doch andere Branchen folgen auch schon, wie es Arbeiten in diesem Buch zeigen.

Ich wünsche dem Werk eine breite Leserschaft, die sich ermutigen lässt, ähnliche Data Mining-Projekte in Angriff zu nehmen.

Eschborn, im August 2000        Prof. Dr. Clemens Jochum

Chief Information Officer,

Consumer Banking Applications

Deutsche Bank

# Kapitelverzeichnis

# Kapitel 1:

# Einführung zu Data Mining

Prof. Dr. Paul Alpar

Allgem. BWL und Wirtschaftsinformatik / Quantitative Methoden

Philipps-Universität Marburg

Universitätsstr. 24

35032 Marburg

alpar@wiwi.uni-marburg.de


Prof. Dr. Dr. h.c. Joachim Niedereichholz

Lehrstuhl für Wirtschaftsinformatik II

Universität Mannheim

L5, 6

68131 Mannheim

Niedereichholz.hafu@t-online.de

# Inhaltsverzeichnis

# Begriffsdefinitionen

Data Mining bedeutet buchstäblich Schürfen oder Graben in Daten, wobei das implizite Ziel, wonach „gegraben" wird, Informationen beziehungsweise Wissen sind. Wissen entspricht heute dem Gold nach dem früher gegraben wurde, denn Unternehmen können daraus Umsätze und Gewinne generieren. In Anlehnung an eine der Verwahrungsformen des gelben Metalls werden die Ergebnisse des Data Mining manchmal als Knowledge Nuggets (Wissensbarren) bezeichnet. Die Ergebnisse lassen Muster in Daten erkennen, weswegen Data Mining auch als Datenmustererkennung übersetzt wird. Der Umstand, dass nach Informationen gegraben werden muss, entsteht dadurch, dass heute über viele Vorgänge des täglichen Lebens so viele Daten gespeichert werden, dass die Sicht auf interessante Beziehungen zwischen den Daten verdeckt bleiben kann. Der Begriff Data Mining wurde zuerst in der Statistik, in der Datenbeziehungen analysiert werden, und in der Forschung zu Datenbankmanagementsystemen, wo man sich mit der Behandlung großer Datenbestände beschäftigt, verwendet. In beiden Fällen dachte man dabei hauptsächlich an Algorithmen und Computerprogramme, mit denen die Beziehungen zwischen den betrachteten Daten, die Datenmuster, ermittelt werden konnten. Entsprechend kann definiert werden:

*Data Mining ist die Anwendung spezifischer Algorithmen zur Extraktion von Mustern aus Daten* (Fayyad, U. et al. 1996a).

Die Vorgehensweise in der Statistik ist meistens so, dass zuerst Hypothesen über Datenzusammenhänge aufgestellt werden, die dann mit Hilfe der Daten und Algorithmen entweder bestätigt oder verworfen werden. In den achtziger Jahren fingen Forscher aus dem Bereich der Künstlichen Intelligenz an, Algorithmen zu entwickeln, mit denen umgekehrt vorzugehen war. Aus Daten sollten Hypothesen berechnet werden, die neu und „interessant" sind. Der so automatisierten Hypothesenfindung muss eine Hypothesenüberprüfung und Interpretation folgen, bevor Handlungsalternativen ausgearbeitet werden können. Bevor mit irgendwelchen Daten gerechnet wird, müssen die relevanten Objekte oder Merkmalsträger, sowie ihre Merkmale ausgewählt werden. Die Berechnungen stellen also nur einen Schritt im gesamten Prozess der Erkennung von Datenmustern dar. Deswegen haben Forscher aus der Künstlichen Intelligenz den Begriff Knowledge Discovery in Databases (KDD) gewählt und durch einen Workshop zum Thema in 1989 eingeführt (Piatetsky-Shapiro, G. 1991). Der Begriff kann als Wissensentdeckung in Datenbanken übersetzt und wie folgt definiert werden:

*Wissensentdeckung in Datenbanken (oder KDD) ist der nicht-triviale Prozess der Identifizierung valider, neuer, potentiell nützlicher und schließlich verständlicher Muster in Daten* (Fayyad, U. et al. 1996b).

Mit „*nicht-trivial*" wird gefordert, dass ein Such- oder Schlussfolgerungsalgorithmus zur Anwendung kommt, um Data Mining von reinen Datenbankabfragen oder einfachen statistischen Auswertungen unterscheiden zu können. Die Forderung nach Validität besagt, dass die Gültigkeit der Datenmuster über die verwendeten Daten hinaus überprüft werden muss. Bei einem großen Datenbestand ist es sinnvoll, die Gültigkeit der in einer Stichprobe gefundenen Muster, in anderen Stichproben zu überprüfen.

Die Forderungen nach neuen, potentiell nützlichen und verständlichen Mustern sind pragmatischer Natur und unmittelbar verständlich. Wenn eine Analyse von Kreditkartentransaktionen ergeben würde, dass das Hauptunterscheidungsmerkmal von Kunden von Damenboutiquen das Geschlecht ist, wäre das ein verständliches, aber kaum ein neues und potentiell nützliches Datenmuster. Die erstrebten Eigenschaften der gewonnenen Muster werden auch unter dem Begriff der „Interessantheit" der Datenmuster zusammengefasst, die oft mit Hilfe von Benutzerangaben quantifiziert werden kann (Müller, M. et al. 1998).

Data Mining wird in diesem Kontext nur als ein Schritt im Prozess der KDD verstanden, wie im nächsten Abschnitt dargestellt wird. Als in den neunziger Jahren die Ideen des Data Mining und der Wissensentdeckung in der Praxis bekannt wurden und ihre Umsetzung durch kommerzielle Werkzeuge erleichtert wurde, etablierte sich in der Praxis der Begriff Data Mining für den gesamten KDD-Prozess. Wir werden nachfolgend teilweise der Praxis folgen und nur den Begriff Data Mining verwenden. Allerdings werden wir eine Unterscheidung zwischen dem Gesamtprozess und dem Schritt der algorithmischen Erkennung von Datenmustern derart schaffen, dass wir den Prozess als Data Mining-Prozess bezeichnen.

In der obigen Erklärung der Begriffe und ihrer Entstehung sind schon drei Gebiete genannt worden, die zum Data Mining-Prozess beitragen. Die Statistik liefert Methoden zur Datenexploration, -auswahl und –transformation, zur Mustererkennung inklusive Validierung und zur Beschreibung und Visualisierung der Ergebnisse. Die Datenbankforschung stellt Methoden und Werkzeuge zur Verfügung, um die untersuchten Daten effizient zu speichern, wiederzugewinnen und auf Plausibilität und Integrität zu prüfen. Die Künstliche Intelligenz liefert hauptsächlich weitere Verfahren für das eigentliche Data Mining. Dazu gehören z. B. Verfahren des Maschinellen Lernens, Künstliche Neuronale Netze (KNN) und Genetische Algorithmen. Data Mining wird deswegen manchmal als ein Unterbereich der Künstlichen Intelligenz angesehen; dabei darf jedoch nicht vergessen werden, dass traditionelle statistische Verfahren (wie z.B. Clusteranalyse) beim Data Mining ebenso Anwendung finden können. Schließlich haben Fortschritte bei der Computer-Hardware die schnelle Verarbeitung sehr großer Datenmengen ermöglicht. Für die verbreitete Anwendung des Data Mining ist auch die Verfügbarkeit sehr leistungsfähiger und kostengünstiger Arbeitsplatzrechner sowie bequem nutzbarer Softwarewerkzeuge wichtig gewesen.

Schließlich seien noch zwei populäre Varianten des Data Mining erwähnt. Data Mining wurde zuerst hauptsächlich auf formatierte Daten angewandt; in den letzten Jahren kam jedoch auch die Betrachtung unformatierter Daten hinzu, welche oft als Texte bezeichnet werden. Text Mining (Feldman, R.; Dagan, I. 1995) beschäftigt sich also mit der Extraktion von Mustern in unformatierten Daten (Zeitungstexten, Patenten, Gerichtsurteilen, elektronischen Nachrichten (E-Mail) usw.) und kann als eine Erweiterung von klassischem Information Retrieval angesehen werden. Wenn Muster in Informationen aus dem World-Wide Web gesucht werden, spricht man von Web Mining (Cooley, R. et al. 1997). Dabei können zwei Arten unterschieden werden, die sich durch den Datenbestand unterscheiden, in dem gegraben wird. Wenn in Dateien, die Zugriffe auf Webseiten registrieren, gesucht wird, handelt es sich um Web Log Mining. Wenn die eigentlichen Webseiten und andere Inhalte im Internet untersucht werden, handelt es sich um Web Content Mining. Die Methoden, die beim Web Mining Anwendung finden, sind teilweise die selben, die auch beim Data Mining verwendet werden, teilweise sind aber auch schon Ansätze entwickelt worden, die spezifisch auf die Webdaten ausgerichtet sind.

# 2    Der Data Mining-Prozess

Bevor der Prozess des Data Mining gestartet wird, sollte Klarheit über die Ziele bestehen, die damit verfolgt werden. Das ziellose Graben in einem großen Datenberg wird selten zu wertvollen Erkenntnissen führen, denn es fehlen dann Anhaltspunkte u. a. für die richtige Auswahl von zu untersuchenden Daten und zu verwendenden Methoden. Auf solches Vorgehen trifft man leider manchmal in der Praxis, wenn Daten und Werkzeuge, aber nicht das Verständnis für den Prozess des Data Mining vorhanden sind. Die nachfolgende Prozessbeschreibung geht davon aus, dass ein konkreter Anlass für Data Mining besteht, z. B. Bedarf nach Preisdiskriminierung, Erklärung von Planabweichungen, Entwurf neuer Produkte oder Dienstleistungen o.ä.

Unter den verschiedenen Modellen des Data Mining-Prozesses (z. B. Hagedorn, J. et al. 1997; Alpar, P. et al. 2000, S. 38; Fayyad, U. et al. 1996a) wählen wir das Modell von Fayyad et al. und stellen es in Abbildung 1 dar.

Der erste Schritt beinhaltet die *Auswahl der Daten* aus einem vorhandenen Datenbestand sowohl bezüglich der abgebildeten Objekte (Datensätze) als auch ihrer Merkmale (Datenfelder). Bei einem sehr großen Datenbestand reicht es oft aus, Data Mining mit einer Stichprobe vorzunehmen. Damit die Stichprobe repräsentativ für den Gesamtbestand ist, muss vor ihrer Ziehung eine Untersuchung der Verteilung der Werte der relevanten Datenfelder vorgenommen werden.

Bei der *Vorverarbeitung* werden die Daten „gereinigt", sofern das noch notwendig ist (z. B., wenn Werte eines Datenfeldes, die identisch sein sollten, nicht gleich sind), fehlende Werte werden behandelt (z. B. durch Weglassen der entsprechenden Datensätze oder Ersetzen der fehlenden Werte durch Standardwerte) und ähnliche Vorarbeiten durchgeführt.

Bei der *Transformation* der Daten werden bei Bedarf Datenbereiche verändert, Daten normiert, quantitative Daten werden in kategorielle Daten umgewandelt, neue Datenfelder durch Aggregation oder andere Berechnungen generiert o.ä. Bei den meisten dieser Operationen gehen Informationen verloren (wenn z. B.

der diskrete Wert 5 für „Anzahl der Kinder" durch den kategoriellen Wert >2 ersetzt wird), so dass sie mit großer Sorgfalt durchgeführt werden sollten.

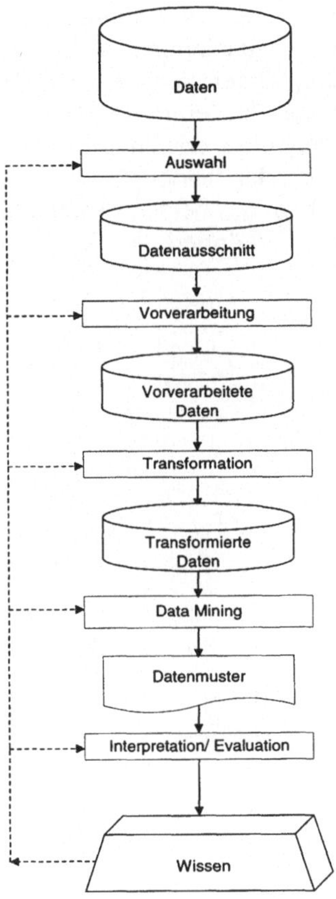


Abb. 1: Schritte im Data Mining-Prozess
(nach Fayyad, U. et al. 1996a)

Obwohl die ersten drei Schritte i.d.R. algorithmisch nicht komplex sind, nehmen sie nach Berichten von Experten 75-85% der Gesamtanstrengungen im Prozess des Data Mining in Anspruch (Brachman, R. J. et al. 1996).

Nach diesen Schritten erfolgt der Schritt des Data Mining, wie es in Abschnitt 1 definiert und beschrieben wurde.

Die gefundenen Muster müssen schließlich interpretiert und evaluiert werden, bevor geeignete Aktionen beschlossen werden können. Berühmtheit hat das Ergebnis einer Analyse in Kanada erlangt, dass besagt, dass Babywindeln und Bier häufig zusammen gekauft werden. Die gegebene Erklärung lautet, dass junge Väter bei ihrem Biereinkauf oft den Auftrag erhalten, auch Windeln einzukaufen. Wie solches Wissen zu nutzen ist, muss sein Empfänger noch entscheiden. Mögliche Handlungen sind eine nahe Platzierung der beiden Produkte, um den Kunden das Einkaufen zu erleichtern, oder im Gegenteil, eine entfernte Platzierung der beiden Produkte, um den Kunden auf dem Weg zwischen den beiden Produkten noch viele andere Waren präsentieren zu können.

# Methoden des Data Mining

Die Methoden des Data Mining werden in der Literatur nach verschiedenen Kriterien klassifiziert. Da einzelne Methoden für verschiedene Fragestellungen genutzt werden können, werden auch unterschiedlich viele Klassifikationsebenen genutzt. Bei Chamoni (1998) ist es nur eine Ebene mit den ausgewählten „Verfahren" Clusteranalyse, Bayes-Klassifikation, Induktives Lernen und KNN. Bei Schinzer et al. (1999) sind es zwei Ebenen: „Verfahren" (Segmentierung, Klassifizierung und Assoziierung) und „Techniken" (z. B. Entscheidungsbäume und KNN). Bei Fayyad et al. (1996a) sind es sogar drei Ebenen: die zwei „primären Ziele" (Vorhersage oder Beschreibung), die Methoden (Klassifikation, Regression usw.) und Algorithmen (Entscheidungsbäume, Nichtlineare Regression, usw.). Wir entscheiden uns für zwei Ebenen.

Die erste Ebene bezeichnen wir als die *Aufgabe*. Sie ergibt sich aus dem konkreten unternehmerischen Anlass für Data Mining. Data Mining eignet sich für folgende Aufgaben:

- Klassifikation,
- Segmentierung,
- Prognose (kontinuierlicher quantitativer Werte),
- Abhängigkeitsanalyse und
- Abweichungsanalyse.

Bei der *Klassifikation* besteht die Aufgabe darin, betrachtete Objekte einer der vorher bestimmten Klassen zuzuordnen. Die Zuordnung findet aufgrund der Objektmerkmale und der Klasseneigenschaften statt. Die zuordnende Funktion wird als Klassifikator bezeichnet. Sie kann oft in Form von Regeln ausgedrückt werden. Den Klassen werden Namen vergeben, die die klassenbildende Eigenschaft aller Klassenmitglieder beschreiben, z.B. „gute Kredite" oder „Sonnenuntergang" (in einer Datenbank von Fotos).

Bei der *Segmentierung* werden Objekte in Gruppen zusammengefasst, die vorher nicht bekannt sind. Die konzeptionelle Bedeutung der Gruppen wird von Benutzern aufgrund der gemeinsamen Eigenschaften der Mitglieder der neu entstandenen Gruppen festgelegt. So sind z. B. die Bezeichnungen wie Yuppies (young urban professionals) oder Dinks (double income, no kids) entstanden.

*Prognose* dient der Vorhersage unbekannter Merkmalswerte auf der Basis anderer Merkmale oder von Werten des gleichen Merkmals aus früheren Perioden. Die prognostizierten Werte manifestieren sich oft, aber nicht immer, erst in der Zukunft. Die in der obigen Aufzählung gemachte Einschränkung auf kontinuierliche quantitative Werte dient der Unterscheidung von Aufgaben der Klassifikation, denn auch Klassifikation kann für Prognose verwendet werden, wenn diskrete Werte vorhergesagt werden sollen (z. B., wenn ein neuer Kunde als „kreditwürdig" klassifiziert wird). Für die Aufgaben der Prognose entwickeln die Disziplinen Statistik und Ökonometrie seit Jahren leistungsfähige Methoden. Einige der Methoden aus dem Bereich der Künstlichen Intelligenz, z. B. KNN, werden jedoch in letzter Zeit ebenfalls für Prognosezwecke eingesetzt.

Bei der *Abhängigkeitsanalyse* wird nach Beziehungen zwischen Merkmalen eines Objektes (oder Vorgangs) oder zwischen verschiedenen Objekten gesucht. Diese Beziehung kann in einem bestimmten Zeitpunkt bestehen (es könnte sich z. B. aufgrund der Analyse von Warenkorbdaten herausstellen, dass Diätjoghurt und Diätmarmelade oft gleichzeitig gekauft werden) oder sich auf verschiedene Zeitpunkte beziehen (aufgrund der Analyse von Kreditkartentransaktionen könnte sich herausstellen, dass oft vier bis sechs Monate nach dem Kauf eines Videorecorders eine Videokamera gekauft wird). Analysen von Zeitverläufen verschiedener Objekte (z. B. Kursen verschiedener Aktien) gehören auch zu dieser Aufgabengruppe.

Die *Abweichungsanalyse* könnte als das Gegenteil oder Komplement der obigen Aufgaben aufgefasst werden. Während es dort darum geht, Regelmäßigkeiten herauszufinden, geht es hier darum, Objekte zu identifizieren, die den Regelmäßigkeiten der meisten anderen Objekte nicht folgen, und den Ursachen für diese Abweichung nachzuspüren.

Andere Autoren nennen weitere Aufgabengruppen, die wir mehr als festen Bestandteil der Statistik (Regressionsanalyse) oder als zu trivial (Datenzusammenfassung), wenn auch nicht unwichtig, ansehen. Außerdem lassen sich die Aufgaben nicht immer genau voneinander trennen, wie es oben bereits am Beispiel von Klassifikation und Prognose erläutert wurde. Weiterhin fallen die

Aufgaben oft gemeinsam an. Bei einer konkreten Fragestellung kann die Segmentierung ein erster Schritt sein, auf den Abhängigkeitsanalysen in den ermittelten Segmenten folgen.

Von den vielen Methoden, die für Data Mining verwendet werden können, werden nachfolgend nur die am meisten verwendeten Methoden kurz erläutert, um sie den Aufgaben zuordnen zu können. Eine viel genauere Beschreibung der Methoden findet in den Kapiteln statt, in denen auch ihre Anwendung im jeweiligen Problemkontext beschrieben wird.

Bei Methoden der *Regelinduktion* oder *Entscheidungsbäumen*, die am weitesten im Bereich des Maschinellen Lernens entwickelt wurden, werden Objekte, deren Klassenzuordnung bekannt ist, sukzessive mit Hilfe einzelner Merkmale in Gruppen aufgeteilt, die in sich homogen, aber voneinander möglichst unterschiedlich sind. An Ende des Verfahrens entsteht ein Baum, aus dessen Verzweigungskriterien Regeln gebildet werden können, die dann auf nicht zugeordnete Objekte angewendet werden können. Da diese allgemein formulierten Regeln aus Beispielen (Daten) ermittelt werden, handelt es sich dabei um induktives Schließen. Entscheidungsbäume werden hauptsächlich zur Klassifikation angewandt. Traditionelle statistische Verfahren wie *Diskriminanzanalyse*, *k-nächste-Nachbarn* oder *logistische Regression* werden ebenfalls zum Klassifizieren angewandt.

*Clusteranalyse* ist ein statistisches Verfahren, das in sehr vielen Varianten vorkommt. Bei den meisten Varianten wird so verfahren, dass zunächst entweder jedes zu gruppierende Objekt als ein Anfangscluster oder alle Objekte als ein Cluster gewählt werden. Danach werden die Anfangscluster zusammengefasst oder das alle Objekte umfassende Cluster aufgespalten. In beiden Fällen geschieht das so, dass die Abstände zwischen den Elementen eines Clusters möglichst gering werden Die Bedeutung der entstehenden Cluster muss am Ende des Prozesses bestimmt werden. Dabei helfen insbesondere Objekte, die das Clusterzentrum bilden oder sich in seiner Nähe befinden.

Bei *KNN* werden sog. Neuronen in Schichten angeordnet, in denen alle Neuronen einer Schicht mit allen Neuronen der Nachbarschichten verbunden sind. Die erste Schicht, die die zu verarbeitenden Daten aufnimmt, wird als Input- und die letzte, die das Ergebnis liefert, als Outputschicht bezeichnet. Jedes Neuron verarbeitet die eingehenden Daten so, dass es sie gewichtet aufsummiert und nur bei Überschreiten eines Schwellenwertes ein „Signal" (einen Wert) an die nachfolgenden Neuronen abgibt.

Dem Netz werden Beispiele (Daten) präsentiert, bis es die erwünschten Ergebnisse zeigt. Dabei „lernt" das Netz durch die Anpassung der Gewichte in der Summationsfunktion. Wenn die Ergebnisse der Beispiele bekannt sind (z. B. die Zuordnung von Objekten zu Klassen), dann spricht man von überwachtem Lernen. Es gibt auch KNN für unüberwachtes Lernen, die als selbstorganisierende Netze bezeichnet werden. Solche Netze eignen sich besonders für Aufgaben der Segmentierung oder der Prognose.

Bei der Ermittlung von *Assoziationsregeln* werden gemeinsame Vorkommen von Merkmalswerten in Datensätzen betrachtet, um ihre gegenseitige Abhängigkeit zu untersuchen. Die daraus resultierenden Regeln werden durch die Häufigkeit ihres Vorkommens im Datenbestand und die Stärke der Abhängigkeit charakterisiert. Ein anderes Verfahren für die Abhängigkeitsanalyse sind z. B. gerichtete Bayessche Netze (Heckermann, D. et al. 1995), auf die jedoch nicht weiter eingegangen wird, da sie noch selten angewendet werden.

*Case-Based Reasoning* (CBR), deutsch fallbasiertes Schließen, ist eine Methode, mit der man Lösungen zu neuen Problemen aufgrund von Lösungen zu bereits gelösten und gespeicherten Problemen ermittelt. Die Auswahl der gespeicherten Probleme, deren Lösung auch für das neue Problem in Frage kommt, basiert auf der Ähnlichkeit ihrer Merkmale. Deswegen kann CBR auch als eine Methode für Klassifikation interpretiert werden. Bei der Ermittlung von Ähnlichkeiten können nicht nur sprachliche Beziehungen zwischen den Merkmalswerten betrachtet werden, sondern auch strukturelle Beziehungen, wie sie etwa durch Taxonomien abgebildet werden.

Für die Abweichungsanalyse können, wie oben angedeutet, viele der Methoden für die anderen Aufgaben genutzt werden. So können Objekte, die bei einer Clusteranalyse keinem der errechneten Cluster sinnvoll zugeordnet werden können, als „Ausreißer" ermittelt werden. Methoden zur direkten Identifikation von Ausreißern existieren ebenfalls, z. B. die Residualanalyse oder sog. Ausreißertests (vgl. Hartung 1999).

Die Zuordnung der oben beschriebenen bzw. erwähnten Methoden zu den beschriebenen Aufgaben gibt Abb. 2 wieder.

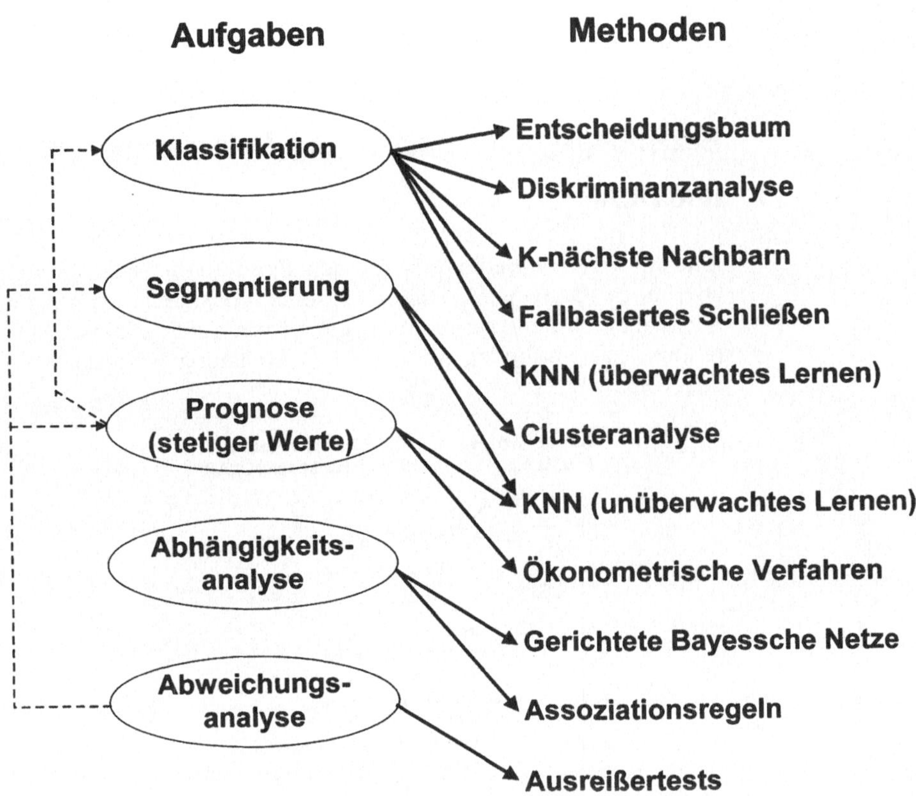


Abb. 2: Zuordnung von Data Mining-Methoden zu –Aufgaben

Die gestrichelten Pfeile, die von Abweichungsanalyse und Prognose ausgehen, deuten die gleichzeitige Verwendbarkeit der Methoden an, die den Aufgaben zugeordnet sind, auf die die Pfeile zeigen.

# 4 Beziehungsgefüge Data Mining, Data Warehouse und OLAP

Eine notwendige Bedingung für den Einsatz von Data Mining, aber auch OLAP-Werkzeugen, ist eine konsistente, qualitativ hochwertige Datenbasis, die am sinnvollsten durch ein Data Warehouse zur Verfügung gestellt wird. Abbildung 3 veranschaulicht dies.

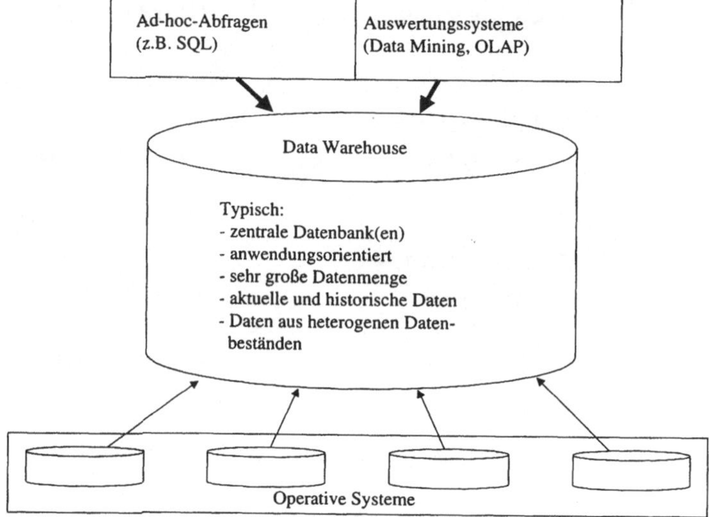


Abb. 3: Sicht von Data Warehouse, Data Mining und OLAP

Das Data Warehouse bildet die aus unterschiedlichen Quellen stammenden, für Auswertungszwecke benötigten Unternehmensdaten auf eine einheitliche, unternehmensweite und konsistente Datenbank ab. Für diesen zentralen Datenpool werden Informationen aus den operativen Systemen (z.B. Legacy-Systeme wie IMS oder adabas, DB2 usw.) in bestimmten Zeitabständen übertragen. Die Daten werden dabei konsolidiert, indem redundante, inkonsistente und für die (Data Mining-)Analysen nicht benötigte Daten herausgefiltert werden. Die Datenbasis kann bei diesem Vorgang auch neu strukturiert und themenorientiert zusammengefasst werden.

Die Verwaltung der in einem Repository abgelegten Metadaten des Data Warehouse ist besonders wichtig und darf als Aufgabe bei der Data Warehouse-Implementierung und Vorbereitung zu Data Mining-Analysen nicht unterschätzt werden.

Metadaten im Bereich der Entscheidungsunterstützung kann man in zwei Kategorien einordnen (vgl. Poe, V. 1995): In operationale Metadaten, die Auskunft über die Quellen der Originaldaten, deren Strukturen, Beschreibungen des Transformationsprozesses und Zieldaten geben, und in Metadaten des Data Decision Systems. Diese stellen die Schnittstelle zwischen den Data Warehouse-Daten und den Frontend Tools der Endbenutzer dar.

Durch die mit der Einführung eines Data Warehouse verbundene Entkopplung der Datenanalyse von den operativen Systemen können diese entlastet werden. Dies ist wichtig, da Data Mining-Auswertungen sehr rechenintensiv sind, was für das Multitasking des Tagesgeschäftes nicht förderlich wäre. Ein Data Warehouse ist somit faktisch eine unabdingbare Voraussetzung für die Durchführung von Analysen mit der Data Mining-Softwaretechnologie. Oft ist für die Durchführung von Data Mining-Analysen ein leistungsfähiger Parallelrechner notwendig (z.B. RS6000/SP o.a.). Erstaunlich ist, dass in manchen Projekten, so auch einigen der in diesem Werk geschilderten, die Ausgaben für zusätzlich notwendige Hardware und Software sowie zusätzliche hochqualitative Personalkapazität, die durchaus in Millionenhöhe liegen können, schnellstens genehmigt werden, wenn die vorab geschätzten Einsparungseffekte diese Kosten sehr bald überwiegen werden. Ähnliche Beispiele kennt man in speziellen IT-Bereichen, die allerdings dem Data Mining nahe kommen. So installierten beispielsweise viele Großbanken ab Mitte der neunziger Jahre teure neuronale Parallelrechner nur für ein oder zwei Anwendungsgebiete, etwa die Wechselkursprognose. Wenn Devisenhändler kurz vor Handelsschluss eine gute Prognose geliefert bekommen können, wie sich z.B. der Dollar-Kurs in den letzten, noch zur Verfügung stehenden fünf Minuten entwickeln wird, macht sich ein speziell dafür angeschafftes System schnellstens bezahlt. Für Anwender, die die Funktionsweise neuronaler Netze nicht genau kennen, ist es erstaunlich, dass diese bei geschicktem Training bessere Prognose-Ergebnisse als konventionelle Methoden liefern. Die zu erzielenden Vorteile sprechen sich natürlich schnell herum, so dass ein innovatives Institut nicht lange seinen Vorsprung halten kann. Es entsteht also ein Zwang zum Mitmachen. In der Literatur ist aus verständlichen Gründen zu diesen Anwendungsbeispielen nicht viel zu finden (vgl. Miller, M. 1995).

Online Analytical Processing (OLAP) ist eine weitere Softwaretechnologie, die Entscheidungsträgern relevante Informationen bereitstellen soll, weshalb sie ebenfalls zu den schon zu MIS-Zeiten diskutierten Decision Support Systemen zählt. OLAP ist, im Gegensatz zum altbekannten OLTP (CICS wurde 1968 von IBM von AETNA gekauft), der Analyse von Daten gewidmet und steht deshalb dem Data Warehouse-Ansatz sehr nahe und wird auch, wie Data Mining, als Data Warehouse-Anwendung oder -Bestandteil gesehen.

Ted Codd veröffentlichte 1993 zwölf OLAP-Regeln (vgl. Codd, E. F. 1993), in Analogie zu seinen bekannten zwölf Regeln für relationale Datenbanken. Er hat sie später um sechs weitere Regeln erweitert; insgesamt gelten sie als eine Basis zur Beurteilung multidimensionaler Datenbanken in Data Warehouses und von OLAP-Systemen. Die Codd'schen Regeln (siehe Tabelle 1) können jedoch, da relativ unübersichtlich, für einen Auswahlkriterienkatalog zur Beschaffungsentscheidung nur schwer herangezogen werden. Hierzu ist schon eher der sog. FASMI-Test (vgl. Pendse, N. 1995) mit den fünf Schlüsselwörtern „**F**ast **A**nalysis of **S**hared **M**ultidimensional **I**nformation" geeignet.

| | **Basiseigenschaften** |
|---|---|
| 1 | Multidimensionale Sichtweise |
| 2 | Intuitive Datenmanipulation |
| 3 | Variable Zugriffsmöglichkeit |
| 4 | Zwischenspeicherung von Daten sowie Direktzugriff auf Basisdaten |
| 5 | Vier OLAP Analysemodelle |
| 6 | Client/Server-Architektur |
| 7 | Benutzer-Transparenz |
| 8 | Mehrbenutzerunterstützung auch bei konkurrierendem Schreiben |
| | **Spezielle Eigenschaften** |
| 9 | Integration unnormalisierter Daten |

| 10 | Getrennte Speicherung von Ergebnissen und Basisdaten |
|----|----|
| 11 | Vorhandensein von Nullwerten |
| 12 | Nullwerte werden bei der Analyse übergangen |
|    | **Reports** |
| 13 | Flexible Berichtsgenerierung |
| 14 | Stabile Antwortzeiten |
| 15 | Automatische Anpassung der physischen Speicherung |
|    | **Dimensionskontrolle** |
| 16 | Keine Einschränkung der Multidimensionalität |
| 17 | Unbeschränkte Anzahl von Dimensionen (performanceabhängig) |
| 18 | Uneingeschränkte Operationen über Dimensionen hinweg |

Tab. 1: 18 Regeln von Codd

**Fast**: Das System garantiert Antwortzeiten von maximal fünf Sekunden (bei komplexeren Auswertungen maximal zwanzig Sekunden).

**Analysis**: Die Analyse soll für Endanwender durchführbar sein. Diese können außerdem eigene, komplexe Analysen - wie z.B. Simulationen, Zeitreihenanalysen, Zusammenfassungen oder hypothesenfreie Analysen mittels Data Mining - generieren, ohne dabei die Interna des Systems oder eine spezifische, vielleicht sogar proprietäre, Programmiersprache erlernen zu müssen.

**Shared**: Mehrere Benutzer sollen gleichzeitig auf die OLAP-Datenbank zugreifen können.

**Multidimensional**: Die Multidimensionalität einer mittels eines Data Warehouse gestützten OLAP-Anwendung ist besonders wichtig. Daten müssen in multiple Hierarchien gefasst werden können, da dies der betriebswirtschaftlichen Sichtweise auf die Daten entspricht.

**Information**: Die OLAP-Datenbank (Data Warehouse) vermag alle relevanten Informationen zu einem bestimmten Anwendungsbereich zu liefern. Ob diese Information aus Rohdaten in der Datenbank produziert wird, oder ob hierfür Fremddaten notwendig sind, interessiert den Anwender nicht. Dies ist für ihn transparent.

Unterschiedliche Realisationsformen existieren: Bekanntlich legen ROLAP-Systeme die multidimensionalen Strukturen mithilfe des Star- oder des Snowflake-Schemas in einem hierfür erweiterten RDBMS ab, ein MOLAP-Server legt die Daten hingegen direkt in einem multidimensionalen DBMS ab. Dies erspart das aufwändige relationale Zusammensetzen der Struktur mittels vieler JOIN-Operationen. Hierzu werden ausgefeilte Speicherungsverfahren benötigt, die das altbekannte Problem dünn besetzter Matrizen (sparse matrices) lösen müssen. Auch hybride Systeme (HOLAP), die die Daten sowohl multidimensional als auch relational ablegen können, werden eingesetzt.

Für den Endanwender spielt es letztlich eine untergeordnete Rolle, ob die Datenbasis als ROLAP- oder MOLAP-System realisiert ist. OLAP-Server, die den Hypercube-Ansatz verwenden, beschränken sich auf einen zentralen Würfel (z.B. Hyperion), während Server mit Multicube-Ansatz (z.B. Seagate) mehrere parallel existierende Würfel verwalten können. Die Daten der OLAP-Datenbank können entweder direkt aus (verschiedenen) operativen Systemen stammen oder aus einem Data Warehouse. Sie können vollständig redundant im System vorgehalten werden, wobei ein regelmäßiger Abgleich des Bestandes auf den aktuellen Stand erfolgt oder bei Bedarf aus den vorgelagerten Systemen geladen werden, wie dies bei Vorgänger-Systemen der ganzen Entwicklung (IMS/DB2-EXTRACT) schon bekannt war.

Die Datenbank fungiert in diesem Fall als multidimensionaler Cache, denn jedem Zugriff auf die OLAP-Datenbank folgt ein Drill-Through auf vorgelagerte Systeme. Die Hardwareanforderungen an den OLAP-Server sind in diesem Fall geringer. Dafür werden die vorgelagerten Systeme und das Netzwerk zu Gunsten stets aktueller Werte stärker belastet und häufige Neuberechnung aggregierter Werte benötigt Zeit. Kombinierte Lösungen können auch realisiert werden. Data Mining-Analysen können in beiden Formen durchgeführt werden und benötigen beim Zugriff ebenfalls die wichtigsten OLAP-Funktionen.

Viele OLAP-Systeme werden für bestimmte Einsatzgebiete entwickelt auf der Basis von Standard-Software wie SAP R/3 Business Warehouse, Peoplesoft, Oracle o. dgl. Manche Hersteller wie IBM, SAP und Oracle bieten eine besondere Integrationsfähigkeit mit wichtigen weiteren, eigenen Produkten und OLAP-Server mit Frontends als Komplettsystem an, meist in Kombination mit einem Data Warehouse-Angebot.

| Operation | Inhalt |
| --- | --- |
| Drill Down | Einblenden von tieferen Hierarchieebenen der aggregierten Werte bis hinunter zu den atomaren Werten. |
| Drill Through | Durchgriff auf relationale Datenbanken auf Source-Ebene |
| Drill Up | Anzeigen einer höheren Aggregationsstufe (auch Roll up; Gegenteil von Drill Down) |
| Slicing und Dicing | Der Benutzer kann die Fakten nicht nur aus einer Sicht betrachten. Durch das Ändern der Dimensionen und Hierarchien können die Daten mit mehreren Sichten betrachtet und analysiert werden. Es existiert somit die Möglichkeit, den Würfel aufzuschneiden, zu drehen und auch die inneren Schichten geboten zu bekommen. |
| Pivoting | Rotation einer zweidimensionalen Kreuztabelle durch Vertauschen von Zeilen und Spalten. |
| Ad-Hoc-Abfrage | Eine Datenbankabfrage, die in ihrem Aufbau als Transaktion nicht fest steht und inhaltlich sehr unterschiedlich sein kann. |

Tab. 2: Wichtige OLAP-Funktionen (vgl. OLAP-Council 1998)

Bei den in den Folgebeiträgen geschilderten Projekten kamen die unterschiedlichsten Realisierungsformen zum Einsatz. Eine einheitliche Vorgehensweise gibt es nicht.

Man kann jedoch festhalten, dass, anders als beim Data Mining, der Anwender bei anderen Auswertungssystemen (OLAP, SQL) die fachlichen und technischen Zusammenhänge der Daten und die Art der gewünschten Ergebnisse kennen bzw. vorgeben muss, um die für die Auswertung benötigten Fragestellungen formulieren zu können. Es können daher keine verborgenen Beziehungen oder Muster innerhalb der Daten hypothesenfrei oder mit nur wenigen, formulierten Hypothesen entdeckt werden. Dies gehört zu den Aufgaben und zum Leistungsumfang des Data Mining.

## 5    Werkzeuge für den Einsatz von Data Mining

Einen Überblick über die Marktpositionen von Data Mining Tools bieten die Ergebnisse einer Analyse der Gartner Group (siehe Abbildung 3).

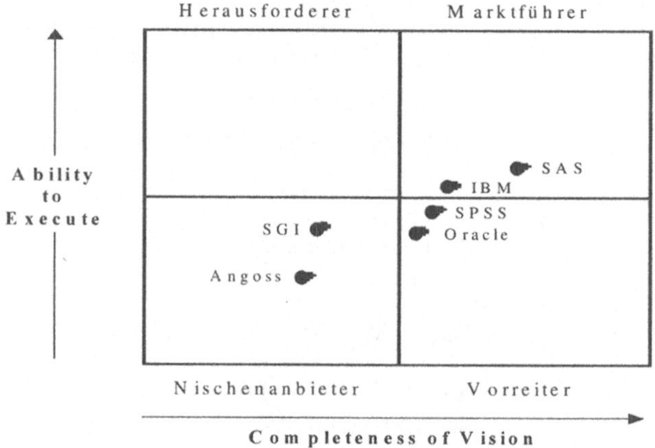


Abb. 4: Marktpositionen von Data Mining Tools (vgl. Gartner Group 1999 und Gaul, W.; Schader, M. 1999)

Es würde den Rahmen dieses Kapitels sprengen, wenn detailliert auf alle am Markt befindlichen Werkzeuge eingegangen werden sollte. Deshalb werden überblicksartig nur die Werkzeuge vorgestellt, die bei Auswahlen zu den in den Folgebeiträgen von den Autoren geschilderten Projekten eine Rolle gespielt haben und diejenigen, die auch eingesetzt wurden. In den Beiträgen ist dies des Öfteren anonymisiert erwähnt.

Bei den Projekten war mehrmals zu beobachten, dass keine gründliche Auswahl, wie in der Lehre und Theorie empfohlen, anhand eines erarbeiteten Kriterienkatalogs stattfand, sondern dass Zeit- und Personalkostenzwänge diese sehr zusammenschrumpfen ließen. Andere k.o.-Kriterien konnten hierfür auch verantwortlich sein, wie etwa das Vorhandensein eines speziellen, nicht ausgelasteten Parallelrechners, der sich sozusagen aufzwängt und für die Analysen verwendet werden muss und damit die Auswahl des Werkzeugs, auf seine Architektur bezogen, stark einschränkt.

**Intelligent Miner** wird seit Mitte Dezember 1996 von der IBM Deutschland Entwicklung GmbH, Böblingen, vertrieben. Im Data Mining-Prozess kann Intelligent Miner die unterstützten Methoden, die sich durch gute Data Mining-Algorithmen auszeichnen, einzeln oder kombiniert verwenden. Die Untersuchung mit einer Methode kann auf dem Zwischenergebnis der Analyse mittels einer anderen Methode aufbauen. IBM bietet für Unternehmen, die kein Data Warehouse besitzen, ein Konzept zur Datenvorverarbeitung, mit dem man ein Data Warehouse einrichten und eine zuverlässige Datenbasis für Data Mining schaffen kann, was natürlich nicht ohne die oftmals erwähnten gründlichen Planungen und Vorgehensweisen geschehen sollte. Damit wird ein integriertes Datenhaltungskonzept ermöglicht, das allerdings nicht ohne weiteres in die bestehende Systemlandschaft und Organisationsstruktur einbindbar ist; dies gilt allerdings auch für andere angebotene Werkzeuge. Intelligent Miner zeichnet sich noch dadurch aus, dass das System auch auf Enterprise Servern der S/390-Architekur lauffähig ist. Diese sollten nicht von vornherein als Hardwarebasis für ein Data Mining Tool abgelehnt werden, nur weil ihnen noch der Name „Mainframes" anhaftet.

Das schottische Softwarehaus Quadstone Ltd., Edinburgh, wird in Deutschland von der Firma Technoworld vertreten und bietet seit 1996 das Tool **Decisionhouse** an. Aufgrund seiner Mehrprozessor-Technik ist die Möglichkeit zu einer sehr schnellen Datenanalyse mit sehr großen Datenmengen gegeben. Dies setzt jedoch einen schnellen Zugriff über die Schnittstelle zum Data Warehouse des Unternehmens voraus. Decisionhouse bietet sicher einen guten Leistungsumfang, die relativ hohen Lizenzgebühren könnten bei manchen Auswahlentscheidern hinderlich sein. Oft trifft man allerdings auch die Situation an, dass derartig dringend ein gutes Werkzeug gesucht wird, dass die Lizenzgebühren nicht das erstrangige Kriterium darstellen.

Die **DataEngine** des Anbieters Management Intelligenter Technologien GmbH (MIT), Aachen, verfügt seit Anfang der neunziger Jahre über eine Vielfalt von Data Mining-Methoden, die für ein breites Anwendungsspektrum eingesetzt werden können, allerdings bei einem Ersteinstieg von Anwendern, die nicht entsprechendes Informatikwissen aufweisen, komplex wirken können. Aufgrund der eingesetzten Algorithmen und der Vielfalt graphischer Darstellungsmöglichkeiten kommen Aktienkursprognosen, akustische Qualitätskontrolle, Kundensegmentierung, Maschinendiagnose, Bildverarbeitung und Verfahrenstechnik als Anwendungsgebiete dieses Data Mining Tools besonders in Betracht. Die anfallenden Lizenzgebühren sind PC-orientiert und nicht sonderlich hoch.

Die **Enterprise Miner Software** wird seit 1998 von der Firma SAS Institute Inc. in Heidelberg angeboten und baut auf deren langjähriger Erfahrung im Bereich der analytischen, statistischen Methoden auf. In ihrer, im August 1999 veröffentlichten, Studie zu Data Mining Tools gelangt die Gartner Group zu dem Ergebnis, dass im Vergleich zu den anderen untersuchten Produkten, die Marktdurchdringung von Enterprise Miner 1998 die stärkste Zunahme aufwies und das Werkzeug die allgemeinen Anforderungen an ein Data Mining-Projekt, besonders bezüglich der Verarbeitungsgeschwindigkeit, am besten erfüllt (vgl. Gartner Group 1999). Mit dem Enterprise Miner lassen sich alle Arbeitsschritte bezüglich Datenvorverarbeitung, Datenmanagement, Clusteranalyse bis zu den verschiedenen Modellen durchführen. Durch die Vielfalt der Methoden und die einfache Bedienbarkeit reichen die Einsatzgebiete von der Kundensegmentierung, Responseoptimierung bis zur Prozessanalyse und Stornoprognose. Durch eine Überarbeitung der Benutzeroberfläche des Enterprise Miners ließe sich der Datenaustausch mit anderen, eventuell eingesetzten SAS-Produkten noch verbessern. Darüber hinaus wäre die Erweiterung des Produktes um offene Schnittstellen (C++, Java) wünschenswert. Derartige Aussagen sind allerdings sehr zeitpunktabhängig, da alle Anbieter daran arbeiten, erkannte Defizite auszugleichen. Bei manchen Interessenten könnten sich die relativ hohen Lizenzgebühren des Enterprise Miners zu seinem Nachteil auswirken.

Seit 1995 gehört das Data Mining Tool **KnowledgeSEEKER** zur Produktpalette der kanadischen Firma Angoss Software Corporation, Toronto, deren Vertretung in Deutschland durch die Niederlassung in Guildford in Großbritannien, wahrgenommen wird. KnowledgeSEEKER unterstützt mit dem Entscheidungsbaum eine verständliche und leicht anzuwendende Data Mining-Methode. Durch die schrittweise Darstellung der Ergebnisgewinnung und deren anschauliche graphische Darstellung in schnell erreichbaren Prototypen kann die Akzeptanz des Fachbereiches für die neue Technik erhöht werden. Weiterhin ließ sich das Tool in die Systemlandschaft eines der in den Beiträgen geschilderten Projekte einfach integrieren. Die starke Windows-Orientierung von KnowledgeSEEKER kann sowohl als Vorteil, bisweilen auch als Nachteil aufgefasst werden; hier kommt es auf die Anwenderprägung an. Die zum Zeitpunkt des Projektes in Deutschland fehlende Repräsentanz, was als Kriterium in Kriterienkatalogen meist zu Negativpunkten führt, wurde durch das hohe Informatikwissen der Projektmitarbeiter als nicht wesentlich angesehen.

Neben KnowledgeSEEKER vertreibt Angoss mit **KnowledgeStudio** ein weiteres Data Mining Tool, das einen deutlich erweiterten Leistungs- und Funktionsumfang aufweist, weil insbesondere die Data Mining-Methoden um Clustering und Neuronale Netze erweitert wurden. Darüber hinaus unterstützt die Serverseite WinNT.

## 6 Buchaufbau

Die nachfolgend vorgestellten Arbeiten umfassen Anwendungen wichtigster Data Mining-Methoden für verschiedene Aufgaben. Die Aufgaben fielen in verschiedenen Branchen an. Wir haben die Beiträge nach Branchen gruppiert; die betreffende Branche geht oft aus dem Kapiteltitel hervor. Wir haben diese Gruppen jedoch nicht als Teile des Buchs abgegrenzt, weil in vielen Fällen ähnliche Probleme in vielen Branchen auftauchen. So ist z. B. die Untersuchung der Bonität von Kunden mit Daten aus dem Versandhandel durchgeführt worden, doch das Problem der Bonitätsprüfung kommt in fast allen Branchen in ähnlicher Weise vor.

Die Kapitel zwei bis sechs arbeiten mit Daten aus dem Handel, wobei sich die ersten drei dieser Kapitel auf den Versandhandel beziehen und die letzten zwei Fragestellungen aus dem stationären Handel aufgreifen. Im Kapitel sieben wird Data Mining in Transaktionsdaten eines Unternehmens im Bereich der Telekommunikation durchgeführt. Das Kapitel acht stellt eine Anwendung aus dem Bereich industrieller Produktion vor und das abschließende Kapitel geht auf die Anwendung von Data Mining in der Versicherungsbranche ein.

Noch wichtiger als der Umstand, aus welcher Branche die Daten stammen, erscheint uns die Frage nach in Angriff genommenen Aufgaben und verwendeten Methoden. Denn daraus lässt sich die Übertragbarkeit auf die Fragestellungen des Lesers besser beurteilen. Deswegen gibt die Tabelle 3 die in den Kapiteln behandelten Aufgaben und Methoden wieder.

| Kapitel | Aufgabe | Methode(n) |
|---|---|---|
| 2 | Klassifikation | Entscheidungsbäume |
| 3 | Prognose | KNN (unüberwachtes Lernen) |
| 4 | Klassifikation | KNN (überwachtes Lernen) |
| 5 | Abhängigkeitsanalyse | Assoziationsregeln |
| 6 | Segmentierung | KNN (unüberwachtes Lernen) Clusteranalyse |
| 7 | Segmentierung | Clusteranalyse |
| 8 | Klassifikation | Case-Based Reasoning |
| 9 | Klassifikation | Entscheidungsbäume |

Tab.3: Im Buch bearbeitete Aufgaben und verwendete Methoden

## Literaturverzeichnis


Alpar, P. et al.: „Anwendungsorientierte Wirtschaftsinformatik", Vieweg, Braunschweig, Wiesbaden 2000.

Brachman, R. J. et al.: „Mining Business Databases", *Communications of the ACM*, Vol. 39 (11), Nov. 1996, 42-48.

Chamoni, P.: „Ausgewählte Verfahren des Data Mining" in Analytische Informationssysteme, Chamoni, P.; Gluchowski, P. (Hrsg.), Springer, Berlin u.a. 1998, 301-320.

Codd, E. F. & Associates: „Providing OLAP (On-line Analytical Processing) to User-Analysts - An IT-Mandate", Whitepaper, o. O.A. 1993.

Cooley, R.; Mobasher, B. et al.: „Web Mining: Information and Pattern Discovery on the World Wide Web, in Proceedings of the 9th IEEE Int. Conf. on Tools with Artificial Intelligence (ICTAI), Nov. 1997.

Fayyad, U. et al.: „From Data Mining to Knowledge Discovery in Databases", AI Magazine, Fall 1996a, 37-51.

Fayyad, U. et al.: „From Data Mining to Knowledge Discovery: An Overview.", in: Fayyad, U.; Piatetsky-Shapiro, G.; Smyth, P.; Uthurusamy, R. (Hrsg.), „Advances in Knowledge Discovery and Data Mining", Menlo Park, Cal., AAAI Press, 1996b, 1-30.

Feldman, R.; Dagan, I.: „Knowledge Discovery in Textual Databases (KDT)", in: Proceedings of the 1st International Conference on Knowledge Discovery (KDD-95), Montreal 1995, 112-117.

Gartner Group (1999): „The 1999 Magic Quadrant on Data Mining Workbenches", Research Note M-08-6031, Stamford 1999.

Gaul,W.; Schader, M.: „Data Mining: A New Label for an Old Problem", in: „Matematische Methoden der Wirtschaftswissenschaften", Physica-Verlag, Heidelberg 1999.

Hagedorn, J. et al.: „Data Mining (Datenmustererkennung): Stand der Forschung und Entwicklung", *Wirtschaftsinformatik 39* (1997) 6, 601-612.

Hartung, J.: „Statistik", Oldenbourg Verlag, München, Wien 1999.

Heckermann, D. et al.: Learning Bayesian Networks: The Combination of Knowledge and Statistical Data, *Machine Learning*, Vol. 20, 1995, 197-243.

Miller, N.: "Neuronale Netze im Devisenhandeleinsatz", Universität Mannheim, 1995.

Müller, M.; Hausdorf, C.; Schneeberger, J.: „Zur Interessantheit bei der Entdeckung von Wissen in Datenbanken", in: Nakhaeizadeh, Gh. (Hrsg.) „Data Mining – Theoretische Aspekte und Anwendungen", Physica, Heidelberg 1998, 248-264.

Pendse, N.: „What is OLAP?", in: „The OLAP Report", http://www.olapreport.com, Abruf am 10.5.2000.

Piatetsky-Shapiro, G.: „Knowledge Discovery" in: „Real Databases: A Report on the IJCAI-89 Workshop", AI Magazine 11 (5), 68-70.

Poe, V.: „Building a Data Warehouse for Decision Support", Upper Saddle River 1995.

Schinzer, H. et al.: „Data Warehouse und Data Mining – Marktführende Produkte im Vergleich", 2. Aufl., Vahlen 1999.

The OLAP – Council: „OLAP and OLAP Server Definitions", Whitepaper, San Francisco 1998.

# Kapitel 2:

# Bonitätsprüfung im Versandhandel – Über die Konstruktion von Entscheidungsbäumen

Dipl.-Wirtschaftsmath. Thomas Schierreich

SerCon GmbH

Heinrich-von-Brentano-Straße 2

55130 Mainz

Thomas.Schierreich@sercon.de

# Inhaltsverzeichnis

# Aufgabe und Verfahren der Bonitätsprüfung

Die Gewährung von Krediten spielt neben den Bankinstituten auch für Industrie- und Handelsunternehmen eine zunehmende Rolle, man denke etwa an Ratenzahlungen im Versandhandel oder bei Leasing-Gesellschaften. Durch den Einsatz von automatisierten Verfahren zur Bonitätsprüfung ergeben sich zahlreiche Vorteile und Rationalisierungspotentiale. Zugleich eröffnen sich auch Anwendungsbereiche für Data Mining-Verfahren.

Vor dem Einsatz entsprechender Verfahren haben Datenvorbereitung und Merkmalsauswahl große Bedeutung. In diesem Beitrag wird die Anwendung von Entscheidungsbaumverfahren auf einen Datensatz aus dem Versandhandel dargestellt. Daneben werden die Auswirkungen von alternativen Datentransformationsverfahren und Methoden zur Merkmalsauswahl untersucht.

Bei jeder Kreditgewährung fallen die Leistung des Kreditgebers und die Gegenleistung des Schuldners – seine Rückzahlungen und Zinsen - zeitlich auseinander. Damit stellen die zukünftigen Zahlungen des Schuldners für den Kreditgeber unsichere Werte dar und beinhalten Risiken (vgl. Heno, R. 1980). Es besteht die Möglichkeit des teilweisen oder vollständigen Ausfalls von Zahlungen sowie des zeitlichen Verzugs der Zahlungen. Aufgabe der Bonitätsprüfung ist die Beschaffung und Verarbeitung von Informationen zur Bestimmung dieses sog. Bonitätsrisikos.

Neben der traditionellen Kreditprüfung und Vergabeentscheidung durch Sachbearbeiter lassen sich verschiedene Ansätze unterscheiden. Diese reichen über den Einsatz mathematisch-statistischer Verfahren, auch als Credit-Scoring-Systeme bezeichnet, bis hin zu neueren Ansätzen aus den Bereichen des induktiven Lernens und der Künstlichen Intelligenz. Somit ist eine breite Palette von Data Mining-Verfahren angesprochen. Als *informative Muster* im Sinne des Data Mining können dabei solche Bonitätsmerkmale gelten, die zwischen guten und problembehafteten Kreditarrangements zu trennen vermögen.

Ein Großteil der eingesetzten Verfahren ist der *Klassifikation* zuzurechnen: Ausgehend von erfassten Merkmalen soll ein Kunde oder eine Firma einer vorgegebenen Bonitätsklasse zugeordnet werden. In der Vergangenheit abgewickelte Kreditfälle bilden dabei die Basis zur Konstruktion entsprechender Klassifikatoren, denn hier sind Informationen über Merkmale und Bonitätsklasse verfügbar. Im Rahmen des vorliegenden Beitrags werden nur Entscheidungsbaum-Klassifikatoren betrachtet.

Als wesentliche Ziele des Einsatzes von Credit-Scoring-Systemen und EDV-gestützten Verfahren gelten die Objektivierung der Kreditentscheidung und Standardisierung solcher Prozesse. Die daraus folgende Qualitätsverbesserung schützt den Kreditgeber vor zu hohen Kreditausfällen und den Kunden vor „unberechtigten" Kreditablehnungen. Des Weiteren sind Rationalisierungseffekte zu nennen: Kreditanträge können schneller bearbeitet, eine Kostendeckung auch bei Kleinstkrediten erreicht werden. Daneben erfordern das Massenkreditgeschäft und zeitkritische Prozesse, beispielsweise die Bonitätsprüfung im Mobilfunkbereich vor Freischaltung der entsprechenden Handy-Netzkarte, zunehmend den Einsatz solcher Verfahren.

# 2  Über die Konstruktion von Entscheidungsbäumen

Entscheidungsbäume stellen eine bekannte Art von Klassifikatoren dar; ihre Konstruktion zählt zu den überwachten Lernverfahren des Data Mining.

## 2.1  Terminologie

Wie der Name Entscheidungsbaum schon verdeutlicht, handelt es sich hierbei um Klassifikatoren mit baumartiger Struktur. Ein Entscheidungsbaum besteht aus Knoten und Kanten. Ein Knoten, der keinen Nachfolger hat, wird als Blatt oder Endknoten bezeichnet; der Knoten ohne Vorgänger heißt Wurzel (des Baumes). Jedem Blatt wird ein entsprechender Klassenbezeichner und somit eine Entscheidung zugeordnet.

Neben den Endknoten gibt es noch innere Knoten. Sie repräsentieren bestimmte Tests der Merkmalswerte und bestimmen somit die weitere Aufspaltung der in diesem Knoten enthaltenen Objektmenge (Splitting). Die von den inneren Knoten ausgehenden Kanten beschreiben dabei die Ausgänge des Tests. Jeder innere Knoten hat mindestens zwei Nachfolgeknoten, auch Söhne genannt. Hat jeder innere Knoten genau zwei Nachfolger, so spricht man von einem Binärbaum. Bezieht sich der Test in einem inneren Knoten nur jeweils auf ein Merkmal, so liegt ein univariates Vorgehen vor. Werden dagegen mehrere Merkmale gemeinsam für die Testentscheidung herangezogen, beispielsweise in Form einer Linearkombination, so spricht man von einem multivariaten Baum.

Die Anzahl der Knoten dient dabei als einfaches Maß für die Komplexität des Baumes. Ein Knoten heißt homogen, wenn er nur Objekte enthält, die einer gemeinsamen Klasse angehören. Die weitere Unterteilung der Objektmenge eines Knotens zielt darauf ab, möglichst homogene Nachfolgeknoten zu erhalten. Bei der Entscheidung, nach welchem Merkmal verzweigt werden soll, werden heuristische Kriterien benutzt (vgl. Borgelt, C.; Kruse, R. 1998). Große Bedeutung haben dabei informationstheoretische Konzepte.

Die *Zuordnung neuer Objekte* durch den Entscheidungsbaum lässt sich wie folgt umschreiben: Startpunkt ist die Wurzel des Baumes. Ausgehend vom vorliegenden Merkmalsvektor des zu klassifizierenden Objektes werden die Pfade entlang der Kanten des Baumes abgeschritten bis ein Blatt erreicht wird. Die Klassenzugehörigkeit ist damit bestimmt. Der Entscheidungsbaum lässt sich auch äquivalent als Menge von Entscheidungsregeln der Form

```
IF (Bedingung 1) AND...AND (Bedingung r) THEN Klasse=c
```

darstellen.

## 2.2  Ein Top-Down-Ansatz

Bei der Konstruktion von Entscheidungsbäumen sind Top-Down-Verfahren weit verbreitet, ihr Konstruktionsprinzip wird auch als *top down induction of decision trees (TDIDT)* bezeichnet.

Das Verfahren startet an der Wurzel des Baumes, die die ganze Objektmenge enthält. Auf Basis des verwendeten Auswahlmaßes werden die verschiedenen Merkmale hinsichtlich ihrer Eignung zur Diskrimination zwischen den Klassen verglichen. Das am besten geeignete Merkmal wird zur Verzweigung herangezogen und die Objektmenge diesbezüglich in disjunkte Teilmengen partitioniert. Das Verfahren wird nun rekursiv auf die entstandenen Nachfolgeknoten und damit Untermengen angewandt.

Bei der Konzeption eines solchen Verfahrens sind nach Breiman et al. (1994) die folgenden Aufgaben zu beachten: Die Auswahl des Verzweigungskriteriums und des Abbruchkriteriums der Rekursion, sowie die Zuordnung der Klassenbezeichner zu einem Endknoten. Für letztere bietet sich eine einfache Lösung an: Einem Endknoten wird diejenige Klassenbezeichnung zugeordnet, deren Klasse im Knoten mehrheitlich vorkommt (einfache Mehrheitsregel).

## 2.3  Stopkriterien oder Pruning-Strategien

Neben der Frage nach Beendigung des Rekursionsschemas sind auch strukturelle Überlegungen zu berücksichtigen: Einfache Bäume sind vorzuziehen. Prinzipiell lassen sich dabei zwei Vorgehensweisen unterscheiden: der Einsatz von Stopkriterien oder aber die Kombination der Baumkonstruktion mit entsprechenden Beschneidungsprozeduren, auch Pruning-Strategien genannt.

Stopkriterien orientieren sich beispielsweise an der Mindestanzahl von Objekten in einem Knoten, Signifikanztests oder heuristischen Maßen. Ein Knoten wird nicht mehr weiter unterteilt, wenn das entsprechende Stopkriterium erfüllt ist. Wird die Verzweigung in einem Knoten allerdings zu früh abgebrochen, so wird der entstehende Entscheidungsbaum eine hohe Fehlerrate haben und die Struktur der Daten nur unzureichend wiedergeben. Im anderen Fall erhält man einen komplexen und tiefgeschachtelten Baum, der bei der Klassifikation ungesehener Objekte häufig ungeeignet ist.

Mehrere Entscheidungsbaumverfahren verwenden deshalb Pruning-Strategien: Ein in einem ersten Schritt konstruierter eventuell tiefverästelter Baum wird durch das Herausschneiden von Unterbäumen reduziert, die nur einen geringen Beitrag zur Klassifikation leisten. In der Regel wird der herausgeschnittene Unterbaum durch ein einzelnes Blatt ersetzt. Ziel ist es, einen einfacheren Baum und damit allgemeineren Klassifikator zu erhalten. Einen empirischen Vergleich verschiedener Pruning-Strategien findet man bei Mingers (1989).

# 3 Verwendeter Datensatz

Der für diese Studien verwendete Datensatz enthält reale Kreditdaten aus dem Bereich der Bonitätsprüfung eines großen deutschen Versandhauses: Dort gehen täglich zwischen 50 000 und 130 000 Bestellungen bei einem Kundenstamm von 8 Millionen ein. Dabei müssen bis zu 8000 Neukunden pro Tag auf ihre Bonität geprüft werden. Eingesetzt werden verschiedene Scoring-Systeme, wobei zwischen Application-Scoring, dies bezeichnet das Neukundengeschäft, und Behavior-Scoring unterschieden wird. Mit Klassifikationsverfahren der multivariaten Statistik, wie logistischer Regression und Diskriminanzanalyse, wurden 78 % der Testdatei richtig klassifiziert. Der mit der Verbesserung der Klassifikationsgenauigkeit um 1-2 % verbundene potentielle Anstieg des Gewinns wird in einer Größenordnung von mehreren Hunderttausend bis Millionen DM beziffert.

Unser Datensatz ist der Bonitätsprüfung von bestehenden Kundenbeziehungen, dem Behavior-Scoring, zuzuordnen. Die Selektion der Objektmenge (Stichprobenziehung) und Zusammenstellung des Datensatzes erfolgte durch Experten des Versandhauses. Der Datensatz umfasst 5921 Kreditfälle, die in die Bonitätsklassen gut und schlecht eingeordnet sind. Es liegen 2982 gute und 2939 schlechte Kredite vor. Damit ist eine wesentliche Anforderung an die Beobachtungsmenge erfüllt, dass auch die schlechten Kredite in einer statistisch aussagekräftigen Anzahl vorkommen. Im Allgemeinen treten nämlich die guten Kredite in der Gesamtheit aller abgewickelten Kreditfälle wesentlich häufiger auf.

Der Datensatz enthält 107 Merkmale, wobei alle Merkmalswerte ganzzahlig sind. Der sog. *Bewertungsmonat* ist der letzte Monat eines festgelegten zwölfmonatigen Beobachtungszeitraumes. In einem anschließenden siebenmonatigen Performancezeitraum wurde die Entwicklung des Zahlungsverhaltens der Kunden beobachtet, beispielsweise Überfälligkeiten und Inkasso. Daraus resultierte dann die Einstufung der Kunden in die Bonitätsklassen *gut* oder *schlecht*. Die erfassten Merkmale enthalten Angaben zu der Fälligkeitsstruktur, den Buchungsvorgängen, wie etwa Einzahlungen, Retouren und Verweigerungen und verschiedenen

Saldowerten. Exemplarisch seien genannt: die Kontodauer in Monaten, der Wert der Einzahlungen im Bewertungsmonat, der Limitausschöpfungsprozentsatz im Bewertungsmonat, die Anzahl der Retouren sowie die Anzahl der Verweigerungen im Beobachtungszeitraum und etwa der gewichtete Durchschnittssaldo im Bewertungsmonat. Eine Vielzahl der Merkmale repräsentiert dabei Prozentangaben und Maßzahlen. Daneben treten im Datensatz zwei Sondercodierungen −9999999 und −9999998 auf. Es handelt sich dabei nicht um tatsächlich erfasste (reale) Werte, sondern diese drücken aus, dass die Berechnung entsprechender Quotienten-Maßzahlen problembehaftet oder nicht möglich war (z.B. Division durch Null).

# 4 Datentransformationen und Merkmalsauswahl

Aufgrund der vorliegenden Datenbasis und der großen Zahl von Merkmalen wurde im Vorfeld - vor dem eigentlichen Einsatz der Klassifikationsverfahren - viel Zeit für Datentransformationen und Merkmalsauswahl verwendet. Eine kleinere Zahl von Merkmalen kann sich dabei sehr positiv auf das Laufzeitverhalten entsprechender Algorithmen auswirken. Daneben wurde die Auswirkung von alternativen Transformationsverfahren auf die Klassifikationsergebnisse untersucht.

## 4.1 Explorative Datenanalyse und Umcodierung

Als erster Schritt der Datenvorbereitung wurden drei Merkmale des Datensatzes entfernt, und das Klassenmerkmal wurde auf die Werte 1 und 2 umcodiert. Dieser Datensatz stellt die Ausgangsbasis für alle folgenden Transformationsverfahren dar.

Im Zuge einer explorativen Datenanalyse wurden die wichtigsten statistischen Maßzahlen ermittelt und die Häufigkeitsverteilung der Merkmale durch Histogramme dargestellt. Alle Merkmale sind statistisch signifikant (zum 1%-Niveau) von der Normalverteilung verschieden. Eine Korrelationsanalyse zeigt, dass die Merkmale mit dem Klassenmerkmal (gut oder schlecht) nur maximal |0,5| korreliert sind, einige Merkmale untereinander aber hohe Korrelationen aufweisen. Für die explorative Datenanalyse und die verschiedenen Schritte der Datenvorbereitung wurde ein SAS-Statistikpaket verwendet.

Als einfache Transformation wurden die beiden Sondercodierungen durch die besser handhabbaren Werte –99999 und –99998 ersetzt. Der so modifizierte Datensatz wird im weiteren als Datensatz A bezeichnet. Durch die gewählte Umcodierung wird die Struktur der Ausgangsdaten am geringsten beeinflusst, zugleich bleibt der Sondercharakter dieser Werte betont.

## 4.2 MDL-Diskretisierung

In einem weiteren Schritt wurden verschiedene Diskretisierungsverfahren herangezogen. Ausgewählt wurde eine bekannte Diskretisierung nach dem *Minimum Description Length-Prinzip* (MDLP); sie stellt nur eine Möglichkeit zur Diskretisierung kontinuierlicher Merkmale dar (vgl. etwa Dougherty, J. et al. 1995). Bei der MDLPC-Diskretisierung nach Fayyad und Irani (1993) wird dabei die beste Schranke $Z_M$ eines Merkmals M bestimmt, die eine binäre Partition der Form

$$\{ M \le Z_M \} \, und \, \{ M > Z_M \}$$

induziert.

Wie der Name MDL schon andeutet, beruht diese Diskretisierung auf informationstheoretischen Grundlagen. Viele der bekannten Entscheidungsbaumverfahren benutzen entsprechende Diskretisierungsstrategien bei der Konstruktion des Baumes und der Splitting-Entscheidung. Die Diskretisierung jedes Merkmals ist in unserem konkreten Fall (softwarebedingt) auf maximal 10 Intervalle beschränkt. Um möglichst wenig Transformationen am Ausgangsdatensatz vorzunehmen, wurden nur Merkmale, bei denen sondercodierte Werte auftreten, behandelt. Der so erhaltene Datensatz wird als Datensatz B bezeichnet.

## 4.3    Univariate Skalierung durch Punktebewertungsverfahren

Als weitere Möglichkeit der Datentransformation können Skalierungsverfahren verwendet werden. Die hier eingesetzten Skalierungsverfahren wurden ursprünglich als Punktebewertungsverfahren für Credit-Scoring-Systeme entwickelt (vgl. Häußler, W. M. 1981). Die einfachste Möglichkeit besteht dabei in einer subjektiven Punktezuordnung, bei der den Merkmalen positive Zahlen zugewiesen werden, die mit zunehmender Größe ein höheres Vertrauen in den Kreditnehmer widerspiegeln.

Alle Merkmale $M_i$ für i=1,...,m liegen in diskretisierter Form vor. $m_{ij}$ bezeichne die j-te Ausprägung des i-ten Merkmals, und $p^{(r)}_{ij}$ bezeichne die relative Häufigkeit der $m_{ij}$, wobei mit (r=1) die schlechten und (r=2) die guten Kredite gekennzeichnet werden. $v_{ij}$ ist die Punktebewertung der $m_{ij}$.

a) Die **Nullpunktzentrierte Punktebewertung P5** basiert auf den folgenden Überlegungen: Wenn in einer Merkmalsausprägung das Verhältnis der guten Kredite das der schlechten überwiegt, soll die Bewertung positiv, andernfalls negativ sein.

$$P5 \quad v_{ij} = \begin{cases} p^{(2)}{}_{ij} / p^{(1)}{}_{ij} - 1, & \textit{falls } p^{(2)}{}_{ij} \geq p^{(1)}{}_{ij} \ (\textit{positive Bewertung}) \\ 1 - p^{(1)}{}_{ij} / p^{(2)}{}_{ij}, & \textit{falls } p^{(2)}{}_{ij} \leq p^{(1)}{}_{ij} \ (\textit{negative Bewertung}) \end{cases}$$

Im Fall $p^{(1)}{}_{ij} = p^{(2)}{}_{ij}$ (bonitätsneutral) ergibt sich ein Punktwert von Null, daher die Bezeichnung *nullpunktzentriert*.

b) Die **logarithmische Punktebewertung P6** lautet:

$$v_{ij} = \ln\left( p^{(2)}{}_{ij} / p^{(1)}{}_{ij} \right)$$

Die Punktebewertung wurde hier lediglich als Mittel der Vorcodierung eingesetzt. Transformationen mittels P5 und ähnliche Skalierungen findet man bei Kauderer und Nakhaeizadeh (1998). Als Vorteil der Punktebewertung kann dabei auch genannt werden, dass es sich um eine dimensionslose Maßzahl handelt, die einen Vergleich verschiedener dimensionsbehafteter Merkmale – z.B. Kontodauer in Monaten, Rechnung in DM – liefert.

Für den Datensatz C wurden sämtliche Merkmale nach dem MDL-Prinzip diskretisiert, mittels P6 bewertet und anschließend auf ein positives Intervall transformiert. Für die Durchführung der Punktebewertung wurde ein SAS-Makro-Programm eingesetzt. Als Vergleichsmaßstab liegt ein weiterer punktbewerteter Datensatz vor, kurz als Referenzdatensatz BSP6 bezeichnet. Er unterscheidet sich von Datensatz C durch eine abweichende Diskretisierung, die von einem Experten des Versandhauses vorgenommen wurde.

## 4.4 Überlegungen zur Merkmalsauswahl

Für die Konstruktion der Klassifikatoren stehen 103 Merkmale zur Verfügung. Aus praktischen Gründen wurde daher eine Vorselektion der Merkmale vorgenommen. Eingesetzt wurden verschiedene Methoden und dimensionsreduzierende Verfahren der Statistik. Die explorative Datenanalyse und entsprechende Korrelationsberechnungen geben einen ersten Überblick über die vorliegenden Merkmale.

Mit einem $\chi^2$-Unabhängigkeitstest wurden die Zusammenhänge jedes Merkmals mit der Bonitätsklasse untersucht. Der $\chi^2$-Test konnte keinen Hinweis auf besonders signifikante Merkmale geben.

Als klassisches dimensionsreduzierendes Verfahren findet die Hauptkomponentenanalyse Verwendung. Werden nur Eigenwerte größer als 1 berücksichtigt, so kann eine Reduktion des

Merkmalsraumes auf die ersten 18 Hauptkomponenten erfolgen. Die Analyse des Einflusses der verschiedenen Merkmale an den Hauptkomponenten lieferte keinen Hinweis auf besonders wichtige und daher auszuwählende Merkmale. Eine Transformation der Merkmale auf die Hauptkomponenten wurde zudem aus Gründen der Interpretierbarkeit der zur Klassifikation benutzten Variablen nicht vorgenommen.

Für die Merkmalsauswahl wurde eine schrittweise Diskriminanzanalyse, wie sie das SAS-Paket und verbreitete Statistiksoftware zur Verfügung stellen, herangezogen. Diese setzt allerdings streng genommen eine klassenweise multivariate Normalverteilung mit identischen Kovarianzmatrizen voraus. Bei realen Datensätzen lassen sich diese rigiden Voraussetzungen selten erfüllen. Die schrittweise Diskriminanzanalyse wurde in diesem Fall trotzdem als Hilfsmittel zur Vorauswahl der Merkmale verwendet, was sich nicht zuletzt durch die guten Ergebnisse beim Einsatz von Entscheidungsbäumen auf den selektierten Merkmalen begründen lässt. Die Anzahl der vorselektierten Merkmale liegt je nach Datensatz zwischen 26 und 31, d.h. weniger als ein Drittel der verfügbaren Merkmale wird für die Analyse verwendet.

Neben der Merkmalsauswahl sind auch Überlegungen zur geeigneten Aufteilung der zur Verfügung stehenden Datenmenge für die Konstruktion und den Test von Klassifikationsverfahren anzustellen. Die Einschätzung der Prognosegüte eines Klassifikators fällt häufig zu optimistisch aus, wenn dieselbe Menge für Konstruktion und anschließenden Test (Reklassifizierung der Objekte) verwendet wird. Stattdessen bietet sich die Verwendung einer unabhängigen Validierungsstichprobe an. Verfahren wie *k-fache Kreuzvalidierung* oder *Bootstrap* stellen Verfeinerungen dieses Ansatzes dar.

# 5 Empirische Ergebnisse bei der Anwendung von Entscheidungsbaum-Klassifikatoren

Für die Konstruktion von Entscheidungsbäumen wurde das Programm **Sipina_W** auf den vier Testdatensätzen A, B, C und BSP6 eingesetzt.[1] Sipina_W enthält Implementierungen bekannter Entscheidungsbaumverfahren. Es verfügt über verschiedene Möglichkeiten, Tests durchzuführen, darunter Bootstrap, Kreuzvalidierung, Verwendung von Trainings- und Validierungsmenge. Die beschriebene MDL-Diskretisierung der Datensätze, d.h. die Ermittlung der Intervallgrenzen, wurde ebenfalls mit diesem Programm vorgenommen. Neben Entscheidungsbäumen lassen sich auch Sätze von Entscheidungsregeln erzeugen, die eine kompakte Darstellung des Klassifikators ermöglichen.

## 5.1 Ausgewählte Verfahren

Es wurden die in Sipina_W implementierten Versionen der folgenden bekannten Entscheidungsbaumverfahren benutzt:

**CART:** Die CART-Methode (**C**lassification **and** **R**egression **T**rees) wurde von Breiman et al. (1984) als Ergebnis mehrjähriger Forschungsarbeit entwickelt. Sie zählt zu den bekanntesten Top-Down-Ansätzen mit entsprechender Pruning-Strategie.

**C4.5:** C4.5 wurde von Ross Quinlan entwickelt und stellt eine Verbesserung seines ID3-Verfahrens dar (vgl. Quinlan, J. R. 1986 und 1993). Beide gründen sich auf dem CLS-Konzept (Concept Learning Systems) von Hunt aus den sechziger Jahren (siehe auch Quinlan, J. R. 1993, S. 17). C4.5 zählt zu den bekanntesten Entscheidungsbaumverfahren aus dem Bereich des induktiven Lernens. Das Auswahlkriterium in C4.5 basiert auf informationstheoretischen Überlegungen, es wird ein error-based Pruning eingesetzt.

**CHAID:** Der CHAID-Algorithmus (Chi-Squared Automatic Interaction Detection) gehört zu den Segmentierungs-Verfahren

---

[1] Verwendet wurde Sipina for Windows 2.3 (Educational Version).

aus der AID-Familie, die sich durch verschiedene Implementierungen und vor allem ihre Zielkriterien unterscheiden. Sein Auswahlkriterium beruht auf dem $\chi^2$-Test auf Unabhängigkeit (vgl. Kass, G. V. 1980). Zur Verzweigung wird das „statistisch-signifikanteste" Merkmal benutzt. Er zählt zu den direkten Top-Down-Verfahren ohne die Verwendung einer nachfolgenden Pruning-Phase.

Aufgrund Ihrer leichten Anwendbarkeit und Interpretierbarkeit haben Entscheidungsbaumverfahren auch in gängigen Statistikpaketen, Entscheidungsunterstützungssystemen oder Data Mining Toolkits Einzug gefunden. Beispielsweise sind Implementierungen und entsprechende Modifikationen von CHAID auch in den bekannten Statistikpaketen SPSS und SAS verfügbar.

Zu den angegebenen Verfahren sind in Sipina_W einige Modifikationen dokumentiert. Daneben kann eine Anzahl von Parametern zur Konstruktion der Entscheidungsbäume beeinflusst werden. Exemplarisch seien genannt: Für die Pruning-Strategie von CART ist ein bestimmter Anteil der Trainingsmenge zu reservieren (pruning sample size). Bei C4.5 ist der Pruning-Parameter *CF* beeinflussbar, bei CHAID der kritische Wert *r* für eine Verzweigung anzugeben. Daneben können mehrere Stopregeln angegeben werden und Parameter für die Ableitung entsprechender Entscheidungsregeln spezifiziert werden. Beim CART-Verfahren wurden die beiden Splitting-Kriterien Gini-Index und Twoing-Rule verwendet. Die Unterschiede waren nicht signifikant, so daß im weiteren mit dem Gini-Kriterium gearbeitet wurde.

## 5.2    Erzielte Ergebnisse

Für erste Tests und zur Ermittlung der geeigneten Parameter, wurde aus jedem der vier Datensätze eine geschichtete Zufallsstichprobe vom Gesamtumfang 1000 gezogen. Diese enthält jeweils 500 gute und 500 schlechte Kredite.

Einer der so erzeugten C4.5-Bäume ist in Abb. 1 exemplarisch dargestellt. Ausgangspunkt ist die Wurzel des Baumes, die 500 schlechte und 500 gute Kredite enthält. Als bestes Merkmal für das Splitting wird Merkmal CHAR555 herangezogen. Die Ausgangsmenge wird in die beiden Teilmengen mit {CHAR555 < 3,5} und {CHAR555 $\geq$ 3,5} partitioniert; die Informationen zur Partitionierung sind jeweils an den Kanten des Baumes angegeben, darüber steht das zugehörige Verzweigungsmerkmal. Durch diese Aufteilung der Objektmenge gelangen 168 schlechte und 430 gute Kredite in den linken Nachfolgeknoten sowie 332 schlechte und 70 gute Kredite in den rechten Nachfolgeknoten. Betrachtet man die weitere Aufspaltung der 402 Kreditfälle im rechten Nachfolgeknoten (dem Knoten 2 der Ebene 2), so wird hier anhand des Merkmals CHAR557 verzweigt. Es gelangen 294 schlechte und 70 gute Kredite in seinen rechten Nachfolgeknoten. Dagegen enthält der linke Nachfolger nur 38 schlechte Kredite; es handelt sich um einen homogenen Knoten, so daß hier eine weitere Aufteilung keinen Sinn macht.

Abb. 1 stellt den bereits geprunten C4.5-Baum dar; es sind nur die ersten sieben Ebenen abgebildet. Vor dem Pruning besteht der Baum aus 61 Knoten, davon 31 Endknoten. Seine maximale Tiefe (längster Weg von der Wurzel zu einem Blatt) beträgt 12. Nach der Pruning-Phase enthält der Baum noch 43 Knoten, davon 22 Endknoten.

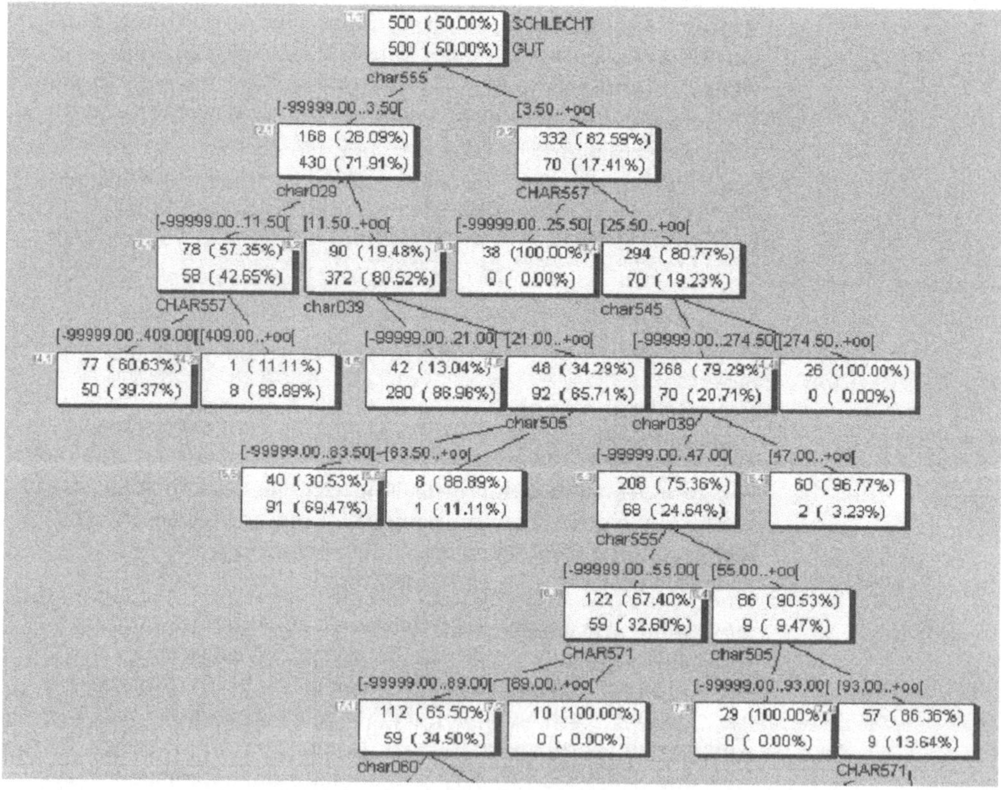


Abb. 1: Beispiel eines C4.5-Entscheidungsbaumes (geprunt) auf einer Zufallsstichprobe vom Umfang 1000 aus Datensatz A; mit *CF*=25 %.

Die Fehlerrate auf der Trainingsmenge beträgt 18 % (siehe Tab. 1). Diese überoptimistische Schätzung wird durch zehnfache Kreuzvalidierung relativiert; dann ergibt sich eine gemittelte Fehlerrate von 24 %.

| **Kredite** | Klassifiziert als | | Anzahl |
|---|---|---|---|
|  | schlecht | gut |  |
| Schlecht | 409  (413) | 91  (82) | 500 |
| Gut | 88  (91) | 412  (404) | 500 |
| Total | 497 | 503 | 1000 |

Tab. 1: Klassifikationsmatrix zum C4.5-Baum. Die Zahlen in den Klammern geben die Werte vor dem Pruning an, dabei konnten 10 Fälle nicht klassifiziert werden.

Im weiteren wurden nur noch Versuche mit Kreuzvalidierung bzw. Verwendung von Trainings- und unabhängiger Validierungsmenge durchgeführt. Die Zufallsstichprobe vom Umfang 1000 konnte allerdings nicht als repräsentativ gelten, was sich durch entsprechende Schwankungen der Ergebnisse bei veränderter Stichprobenziehung zeigte. Deshalb wurden Tests mit den gesamten 5921 Kreditfällen unternommen. Dies führte allerdings zu einem deutlichen Anstieg der Rechenzeiten.[2] Beim Laufzeitverhalten zeigten sich deutliche Unterschiede: Der CHAID-Algorithmus, der ohne entsprechendes Pruning auskommt, erwies sich dabei als schnellstes Verfahren, gefolgt von C4.5 und mit deutlichem Abstand zu CART.

Für einen direkten Vergleich wurden 14 Merkmale aus jedem der vier Datensätze ausgewählt. Sie sollen einen möglichst repräsentativen Überblick – bei nicht zu großer Merkmalsanzahl – der vorkommenden Merkmale geben. Für den Vergleich wurde ebenfalls eine zehnfache Kreuzvalidierung zugrunde gelegt.

---

[2] Beispielsweise lagen die Rechenzeiten für eine zehnfache Kreuzvalidierung nun im Stundenbereich; Bezugsbasis war ein Pentium-Typ mit 233 MHz und 64 MB RAM.

| | **Klassifikationsgenauigkeit** | | | |
|---|---|---|---|---|
| | Datensatz A (umcodiert) | Datensatz B (teildiskret.) | Datensatz C (MDL + P6) | BSP6 (vorgeg. Diskret. + P6) |
| CART (Gini) | 0,80 (0,01) | 0,79 (0,01) | 0,80 (0,01) | 0,79 (0,01) |
| C4.5 | 0,80 (0,01) | 0,79 (0,02) | 0,80 (0,02) | 0,80 (0,02) |
| CHAID | 0,79 (0,01) | 0,80 (0,01) | 0,79 (0,01) | 0,79 (0,02) |

Tab. 2: Vergleich der erzielten Ergebnisse (5921 Kreditfälle, 14 Merkmale). Die Zahlen geben den Mittelwert der Klassifikationsgenauigkeit bei zehnfacher Kreuzvalidierung an. Die Werte in den Klammern enthalten die entsprechenden Standardabweichungen.

Die hierbei erzielten Klassifikationsgenauigkeiten liegen bei 79–80 %. Die absolut schlechteste Klassifikation dieser Tests beträgt immerhin noch 75 %. Es lassen sich keine markanten Abweichungen sowohl zwischen den einzelnen Entscheidungsbaumverfahren als auch den vorgenommenen Datentransformationen erkennen. Für einen Vergleich der Ergebnisse wurde der *Studentsche t-Test* herangezogen, wobei nur Ergebnisse berücksichtigt wurden, bei denen die Normalverteilungsannahme nicht zu stark verletzt ist (10 %-Niveau, siehe hierzu Hartung 1991). Dann erweisen sich die Unterschiede zwischen CART und CHAID auf Datensatz C sowie zwischen C4.5 und CHAID auf dem Referenzdatensatz BSP6 als signifikant zum 5 %-Niveau.

Die nach dem Pruning vorliegenden Bäume bzw. die mittels CHAID konstruierten Bäume sind relativ kompakt. Die aus den Bäumen abgeleiteten Entscheidungsregeln enthalten selten mehr als sechs Bedingungen pro Regel. Auch die Anzahl der Regeln ist mit durchschnittlich 15 Regeln moderat. Sie bieten sich damit zum Entwurf eines einfachen Expertensystems an, das sehr schnell über die Bonität des Kunden urteilen kann, z.B. während eines Bestellvorgangs über Telefon oder das Internet. Zwei Beispiele von einfachen Entscheidungsregeln sind im Folgenden angegeben:

```
if CHAR007=[-99999.00 .. 1,92) then Klasse = Schlecht
```

Mit < geschätzter Genauigkeit: 0,83      #Regel gilt für: 2245 Fälle >

Klassifiziert als (Schlecht: 1867; Gut: 378)

```
if CHAR007 = [1,92 .. ∞) AND CHAR022=[0,69 .. ∞) then
Klasse = Gut
```

Mit < 0,82   #2400 >  (438; 1962)

# 6  Zusammenfassung

Verschiedene Entscheidungsbaumverfahren wurden auf einen realen Datensatz aus dem Bereich der Bonitätsprüfung im Versandhandel angewendet. Dabei wurde eine durchschnittliche Klassifikationsgenauigkeit von 79 % erzielt.

Ein Großteil der Zeit wurde auf die Datenvorbereitung, die Erprobung verschiedener Transformationsverfahren und die Auswahl der Merkmale verwendet. Transformationen der Ursprungsdaten müssen mit Bedacht durchgeführt werden, da sie Zeit und Ressourcen in Anspruch nehmen und zudem einen Informationsverlust bedeuten.

Ein weiteres Problem stellt die Auswahl der zu benutzenden Merkmale dar. Klassische Auswahlverfahren, wie etwa die schrittweise Diskriminanzanalyse oder entsprechende Maße, haben hier eher unterstützenden Charakter. Durch die Hinzunahme weiterer Merkmale steigt zugleich die Rechenzeit deutlich an. Die erzielten Ergebnisse zeigen, dass beim Vorliegen vieler Merkmale die Merkmalsauswahl weniger kritisch als erwartet ist. Insbesondere scheint es auszureichen, mit rund 10 % der insgesamt zur Verfügung stehenden über 100 Merkmale zu arbeiten. Inwieweit dies noch unterboten werden kann und welche Merkmale sich als besonders diskriminanzstark erweisen, muss im Einzelfall untersucht werden.

Neben der Prognosefunktion liefern die Entscheidungsbäume auch eine strukturierte und einfach zu interpretierende Darstellung der zur Klassifikation benutzten Merkmale. Mit anderen Klassifikationsverfahren aus dem Bereich der Künstlichen Intelligenz, beispielsweise Multi-Layer-Perceptron-Netzen, lassen sich im Prinzip vergleichbare Ergebnisse erzielen. Für den Anwender stellt das Neuronale Netz jedoch lediglich eine Black Box dar, entsprechende Wirkungszusammenhänge und Merkmale bleiben weitgehend unerkannt. Die vorliegenden Ergebnisse geben einen Einblick in die Leistungsfähigkeit von Entscheidungsbaum-Algorithmen bei realen Problemstellungen, wie sie die Bonitätsprüfung darstellt.

# Literaturverzeichnis


Borgelt, C.; Kruse, R.: „Attributauswahlmaße für die Induktion von Entscheidungsbäumen: Ein Überblick", in: Nakhaeizadeh, G. (Hrsg.): „Data Mining – Theoretische Aspekte und Anwendungen", Physica-Verlag, Heidelberg 1998, S. 77-98.

Breiman, L. et al.: „Classification and Regression Trees", Wadsworth Int., Belmont (California) 1984.

Dougherty, J. et al.: „Supervised and Unsupervised Discretization of Continous Features", in: „Proceedings Twelfth International Conference on Machine Learning", 1995, S. 194-202.

Fayyad, U. M.; Irani, K. B.: „Multi-Interval Discretization of Continuous-Valued Attributes for Classification Learning", in: Proceedings of the Thirteenth International Joint Conference on Artificial Intelligence, Chambery France 1993, S. 1022-1027.

Häußler, W. M.: „Methoden der Punktebewertung für Kreditscoringsysteme", *Zeitschrift für Operations Research*, Band 25, 1981, S. B79-B94.

Hartung, J.: „Statistik: Lehr– und Handbuch der angewandten Statistik", 8. Auflage, Oldenbourg Verlag, München, Wien 1991.

Heno, R.: „Kredtitwürdigkeitsprüfung mit Hilfe von Verfahren der Mustererkennung", Dissertation Mainz 1980.

Kass, G. V.: „An Explanatory Technique for Investigating Large Quantities of Categorical Data", *Applied Statistics* 29 (2), 1980, S. 119-127.

Kauderer, H.; Nakhaeizadeh, G.: „Skalierung als alternative Datentransformation und deren Auswirkung auf die Leistungsfähigkeit von Supervised Learning Algorithmen", in: Nakhaeizadeh, G. (Hrsg.): „Data Mining – Theoretische Aspekte und Anwendungen", Physica-Verlag, Heidelberg 1998, S. 99-108.

Mingers, J.: „An Empircal Comparison of Pruning Methods for Decision Tree Induction", *Machine Learning* 4 (2), 1989, S. 227-243.

Quinlan, J. R.: „Induction of Decision Trees", *Machine Learning* 1 (1), 1986, S. 81-106.

Quinlan, J. R.: „C4.5: Programs for Machine Learning", Morgan Kaufmann, San Mateo (California) 1993.

Rakotomalala, R.: „Extraction (automatique) de connaissance à partir de donnés – Méthodologie pratique de Utilisation des graphes d'induction", http://eric.univ.lyon2.fr/~ricco/Support DeCours_IC.zipm, Abruf am 29.07.1998.

Sipina_W-Homepage: http://eric.univ-lyon2.fr/~ricco/sipina.html

# Kapitel 3:

# Optimierte Werbeträgerplanung mit Neuronalen Netzen im Database Marketing

Dipl.-Wirtsch.-Inf. Parsis Dastani

Dastani Consulting

Unternehmensberatung für Database Marketing und Data Mining

Aulweg 41

35392 Gießen

# Inhaltsverzeichnis

# 1  Werbeträgerplanung im Internet

Bei Versandhäusern bestimmt die Auflage von Werbeträgern im positiven Sinne den Umsatz und im negativen die Werbekosten einer Direkt-Marketing-Aktion. Sie kann daher als eine der wesentlichen Entscheidungen im Planungsprozess gesehen werden. Ziel der Werbeträgerplanung ist die Bestimmung der Auflage von Werbeträgern so, dass es zu einem ertragsoptimalen Verhältnis zwischen Umsatz und Werbekosten kommt. Im Rahmen des Database Marketing kann das latent vorliegende Wissen für die Werbeträgerplanung nutzbar gemacht werden. Im hier vorgestellten Ansatz werden Neuronale Netze als selbständig lernende Prognosesysteme genutzt, um aus der Vielzahl von vorliegenden Kundenbeobachtungen Schlüsse über die optimale Auflage zu ziehen. Dadurch können die bisherigen Planungs- und Steuerungsprozesse der Werbeträgerplanung mit Hilfe Neuronaler Netze optimiert werden.

Die Entscheidungen, die im Rahmen der Marketing-Planung getroffen werden, betreffen die Festlegung des Werbebudgets, sowie dessen Verteilung auf unterschiedliche Werbeträger und Kundengruppen. Primäres Ziel dieser Planungstätigkeit ist es, die Höhe des Werbebudgets und dessen Allokation derart festzulegen, dass es langfristig zu einem möglichst hohen Return on Investment kommt.

Ein Marketing-Planer hat die Entscheidungsfreiheit zu bestimmen, wie viel Prozent der Kunden einen bestimmten Katalog zugesandt bekommen. Dieser Prozentsatz wird als *Ausstattungsdichte* bezeichnet. Die *Ausstattungsdichte* bildet somit die Verbindung zwischen dem Planungsobjekt, den Katalogen, und den Kunden als Planungssubjekt.

Die Anzahl der Kunden in der Kundendatenbank wird als *Basis* bezeichnet. Die *Ausstattungsdichte* ergibt sich aus der Relation zwischen der *Auflage* eines Werbeträgers und der *Basis*. Der Aufwand des Werbemitteleinsatzes hängt unmittelbar von der Ausstattungsdichte ab. Die *Werbekosten* ergeben sich aus dem Produkt aus Basis, Ausstattungsdichte und *Katalogstückkosten*. Diese beinhalten die Portogebühren und hängen weitgehend von der Seitenstärke des Kataloges ab (vgl. Hölscher, U. 1991, S. 537).

Kunden, die aus dem betreffenden Katalog einen Artikel kaufen, werden als *Käufer* bezeichnet. Der kumulierte Wert der Bestellungen aller *Käufer* ist der sog. *Bruttobestellwert*. Der realisierte Umsatz eines Werbemitteleinsatzes wird als *Nettoumsatz* bezeichnet. Die Differenz von *Nettoumsatz* zu *Bruttobestellwert* ergibt sich aus dem Sachverhalt, dass ein bestimmter Prozentsatz der Bestellungen aufgrund von Lieferengpässen nicht befriedigt werden kann. Des Weiteren haben Kunden oft die Option, ihre erhaltenen Artikel zu retournieren, was zu einer weiteren Verminderung des realisierten Umsatzes führen kann.

Die *Käuferquote* setzt die Anzahl der *Käufer* aus einem Katalog mit dessen Auflage in Relation. Mit anderen Worten ist dies der prozentuale Anteil der Kunden, die aus dem betreffenden Katalog einen Artikel gekauft haben.

Eine der wichtigsten Kennzahlen im Versandhandel ist die *Kosten-Umsatz-Relation* (*KUR*), die den prozentualen Werbekostenanteil am Nettoumsatz ausdrückt (vgl. Heemann, M. 1991, S. 412).

$$KUR = \frac{Werbekosten}{Nettoumsatz} * 100$$

Abhängig von *Nettoumsatz* und *Werbekosten* ergeben sich der *Deckungsbeitrag I* und *Deckungsbeitrag II* wie folgt (vgl. Weißmann, F. 1991, S. 548):

|   | *Nettoumsatz* |
|---|---|
| - | Wareneinstandskosten |
| - | anteilige Logistikkosten |
| - | <u>Überhangverluste</u> |
| = | Warenrohertrag = *Deckungsbeitrag I* |
| - | <u>*Werbekosten*</u> |
| = | *Deckungsbeitrag II* |

Überhangkosten sind jene Kosten, die durch nicht verkaufte Artikel entstehen. Diese werden später zu einem niedrigeren Preis in Extra-Katalogen angeboten.

Um die in Prozent ausgedrückte *Kosten-Umsatz-Relation* mit dem *Deckungsbeitrag II* in Verbindung setzen zu können, wird der

*Deckungsbeitrag I* ebenfalls in Prozentwerten vom *Nettoumsatz* angegeben. Es gilt:

$$Deckungsbeitrag\ I = \frac{Deckungsbeitrag\ II}{Nettoumsatz} * 100\ [\%]$$

Der *Deckungsbeitrag* II kann anschließend in Abhängigkeit von der *Kosten-Umsatz-Relation* und dem *Nettoumsatz*, wie folgt, berechnet werden :

DeckungsbeitragII = (DeckungsbeitragI - KUR) * Nettoumsatz

Der *Break Even Point* wird als *Grenzkur* bezeichnet und beschreibt die Schwelle der Wirtschaftlichkeit in Abhängigkeit von der *Kosten-Umsatz-Relation* (vgl. Knauff, D. 1991, S. 588).

Die *Grenzkur* ergibt sich durch Substitution des *Deckungsbeitrages II* mit Null. Es gilt :

DeckungsbeitragII = 0 ⟺ Grenzkur = DeckungsbeitragI [%]

Liegt die durch einen Katalog erzielte *Kosten-Umsatz-Relation* unter dem prozentualen *Deckungsbeitrag I [%]*, so trägt dieser zur positiven Ertragsentwicklung des Unternehmens bei. Übersteigt die *KUR* jedoch die *Grenzkur*, so kann der Katalogeinsatz im Sinne des kurzfristigen Ertragsziels als unrentabel angesehen werden.

Wie Abbildung 1 zeigt, verhält sich der Umsatz monoton steigend zur Ausstattungsdichte. Aufgrund der Hinzunahme schlechterer Kunden kommt es jedoch zu einer immer langsameren Umsatzsteigerung bei zunehmender Ausstattungsdichte.

Der *DB I* stellt den Nettoumsatz abzüglich der variablen Einstands- und Logistikkosten dar und verhält sich demnach proportional zum Umsatz. Bildet man die Differenz zwischen den Nettoerlösen und den Werbekosten, so erhält man den *DB II* in Abhängigkeit von der Ausstattungsdichte.

Für einen Marketing-Manager ist es nun wichtig, den Verlauf der oberen Kurven für die Werbeträgerplanung zu kennen. Da der Zusammenhang zwischen Ausstattungsdichte und *KUR* bzw. Deckungsbeitrag unbekannt ist, wird versucht, die *KUR* anhand von Erfahrungswerten aus den Vorsaisons zu approximieren. Dieses Vorgehen hat den Nachteil, dass es mehrere Saisons dauert, um einen Erfahrungswert aufzubauen. Die interaktive Interpolation kann bei einer hohen *KUR* und dem damit verbundenen negativen Deckungsbeitrag für einige Saisons sehr hohe Verluste einbringen, was die Einführung neuer Werbeträger stark gefährdet. Entscheidend für die Qualität der Werbeträgerplanung ist demnach die Genauigkeit der Prognose der Ausstattungsdichte. Im Rahmen dieses Projektes werden ökonomische Auswirkungen unterschiedlicher Ausstattungsdichten mit Hilfe Neuronaler Netze simuliert. Basis dieser Prognose sind nicht saisonale Erfahrungswerte, sondern individuelle Kaufentscheidungen der Kunden in der Vorsaison. Nach einer Beurteilung jedes Kunden bezüglich seiner Kaufwahrscheinlichkeit ist eine Beurteilung des gesamten Kundenstamms möglich und damit auch eine Simulation der Ergebnisse unterschiedlicher Ausstattungsdichten.

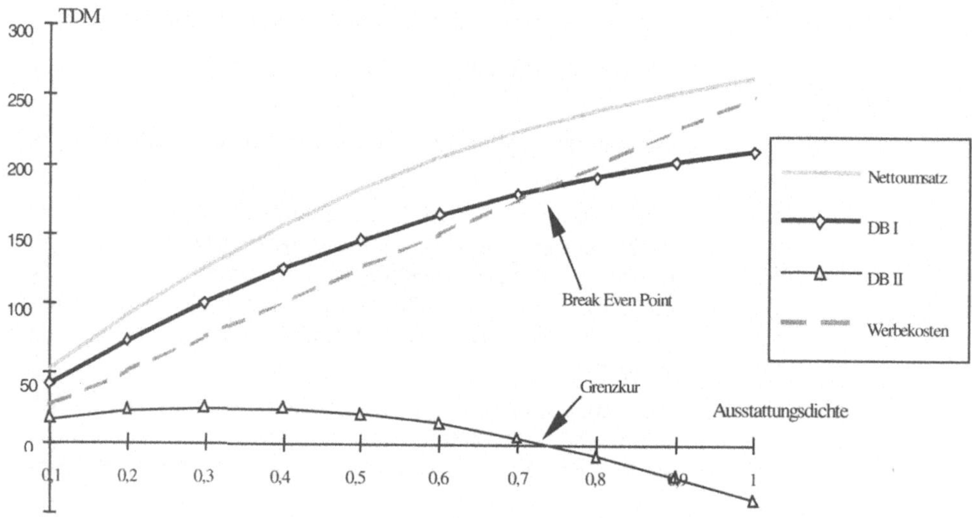


Abb. 1: Abhängigkeit ökonomischer Kenngrößen von der Ausstattungsdichte

## 2 Kundenselektion mit Hilfe Neuronaler Netze

### 2.1    Netzwerkspezifikation

Die grundsätzliche Funktionsweise Neuronaler Netze ist aus der Literatur bekannt (vgl. Rojas, R. 1993 und Zell, A. 1994). Die wesentliche Voraussetzung der erfolgreichen Approximation eines unbekannten Zusammenhangs mit Hilfe Neuronaler Netze ist die Bereitstellung relevanter Daten. Als Prognoseziel soll die Kaufwahrscheinlichkeit eines Kunden anhand seines Kaufverhaltens in der Vorsaison prognostiziert werden. Es wird somit unterstellt, dass ein Zusammenhang zwischen dem Verhalten aufeinander folgender Saisons existiert, was den Erfahrungen des Versandhandels entspricht. Die zur Prognose des Kaufverhaltens verwendeten unabhängigen Variablen lassen sich in folgende Bereiche gliedern :

*Stammdaten:* Unter Stammdaten werden solche Informationen verstanden, die unabhängig vom Kaufverhalten des Kunden konstant bleiben. Es handelt sich hierbei beispielsweise um das Alter, das Geschlecht oder die Wohnregion.

*Aktivitätenraster:* Dabei handelt es sich um eine Aggregation der Aktivität eines Kunden in den letzten vier Saisons. Die Abbildung des Kaufverhaltens auf das Aktivitätenraster wird durch die Beschränkung der Speicherkapazität der Datenbank nötig. So umfassen die Kundeninformationen aus zwei Saisons oft eine Datenmenge von vielen Gigabytes. Ein Kunde war in einer Saison aktiv, falls er mindestens einen Artikel gekauft hat. Bei vier Saisons ergeben sich folglich 16 verschiedene Ausprägungen. Die Hinzunahme des Aktivitätenrasters drückt die Vermutung aus, dass der Kauf aus einem Katalog zum Teil vom Bestellrhythmus der letzten vier Saisons beeinflusst wird.

*Kumulierte saisonspezifische Informationen:* Dazu zählen der Bruttobestellwert, der Nettoumsatz, die Anzahl der Bestellungen und die Nichtlieferungsquote. Der Bruttobestellwert eines Kunden kann als die kumulierte Nachfrage innerhalb einer Saison verstanden werden. Der Nettoumsatz spiegelt den aus der Nachfrage realisierten Umsatz wieder. Die Anzahl der Bestellungen drückt die Häufigkeit der Nachfrageaktivitäten innerhalb einer Saison gegenüber dem Versandhaus aus. Unter der Retourenquote wird der Anteil des Bruttobestellwertes verstanden, den ein Kunde retourniert hat. Eines der größten Probleme des Versandhandels ergibt sich aus der Tatsache, dass einige der nachgefragten Artikel nicht mehr lieferbar sind. Während der stationäre Handel nur Waren anbietet, die auch direkt bezogen werden können, liegt beim Versandhandel eine zeitliche Differenz zwischen dem Angebot und der Nachfrage eines Kunden vor. Dies kann bei häufigem Auftreten zu einer Verärgerung des Kunden führen. Um diesen Sachverhalt bei der Prognose zu beachten, wird der prozentuale Anteil nichtlieferbarer Waren am Bruttobestellwert des Kunden in das Neuronale Netz integriert.

*Sortimentspezifische Informationen:* Hier werden dem Neuronalen Netz Informationen über die Sortimentstruktur der Nachfrage bereitgestellt. Die Informationen über die Sortimentpräferenz bezogen auf die Nachfrage erfolgt differenziert nach den Sortimenten. Für die einzelnen Teil-Sortimente wird dem Neuronalen Netz jeweils der durchschnittliche Artikelwert und die Anzahl der Bestellungen zur Verfügung gestellt.

Als abhängige Variable wird die Nachfrage aus einem Katalog verwendet. Ein Kunde ist aktiv, falls er einen Artikel aus einem Katalog bestellt.

Abbildung 2 zeigt die Netzwerkspezifikation mit dem Zusammenspiel der unabhängigen Variablen und dem zu prognostizierenden Kaufverhalten im Hinblick auf das verwendete dreilagige Multilayer-Feedforward-Netz.

Der Ursprung menschlicher Intelligenz liegt in der richtigen Verbindung der Neuronen. In Analogie dazu liegt die Intelligenz künstlicher Neuronaler Netze in der sinnvollen Interaktion der einfachen Verarbeitungseinheiten (Units).

Neuronale Netze dienen insbesondere der Approximation eines unbekannten Ursachen-Wirkungszusammenhangs. Zu diesem Zweck wird eine Datenmenge, die den unbekannten Ursachen-Wirkungszusammenhang beschreibt, in eine Trainingsmenge und eine Testmenge unterteilt. Nachdem ein Neuronales Netz trainiert wurde, wird seine Übertragungsleistung anhand der Testmenge evaluiert. Die Fähigkeit, das aus einer Trainingsmenge erlernte Wissen auf die Allgemeinheit - in diesem Falle die Testmenge - zu übertragen, wird als Generalisierung bezeichnet. Zwischen der Anzahl der Units, der Iterationslänge und der Generalisie-

rungsfähigkeit existiert ein Zusammenhang. Wählt man die Anzahl Hidden-Units (Interne Repräsentation) zu groß, so ergibt
sich zwar ein geringer Trainingsfehler, das Netz ist jedoch nicht
in der Lage zu generalisieren. Wird eine zu kleine Anzahl von
Hidden-Units gewählt, so ist das Netz nicht in der Lage, den unbekannten Ursachen-Wirkungszusammenhang zu lernen. Eine
Generalisierung bleibt demnach ebenfalls aus. Wird eine zu große Anzahl von Lernschritten gewählt, so werden Besonderheiten
der Trainingsmenge gelernt und die Generalisierungsfähigkeit ist
dementsprechend gering. Wird jedoch eine zu geringe Anzahl
von Iterationen gewählt, so wird der entsprechende Ursachen-
Wirkungszusammenhang nicht gelernt.

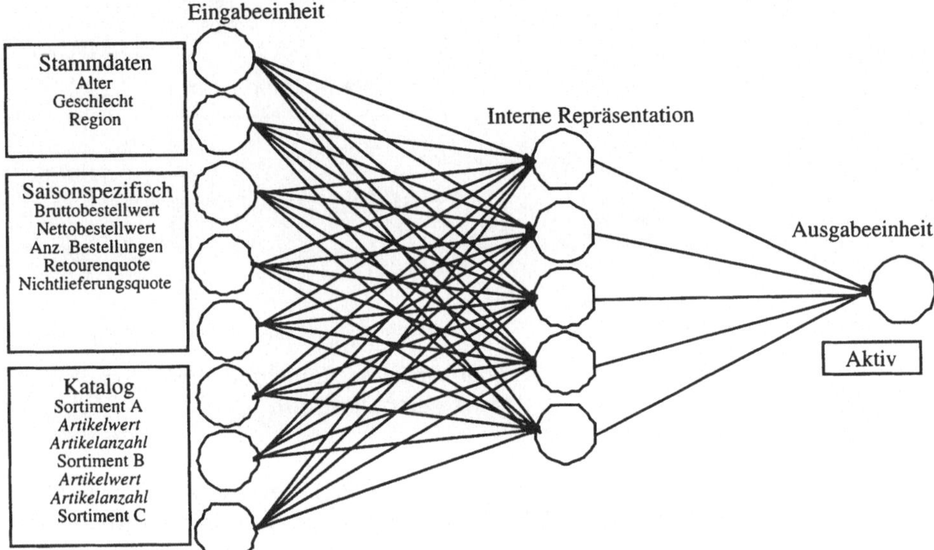


Abb. 2: Netzwerkspezifikation

Bezüglich der optimalen Anzahl von Hidden-Units und Trai-
ningsschritten existieren keine allgemein gültigen Aussagen. Aus
diesem Grund wird bei der Netzwerkspezifikation und bei dem
Training der Neuronalen Netze eine Vielzahl von Kombinations-
möglichkeiten zur Bestimmung der optimalen Gewichtsmenge
getestet.

## 2.2    Training des Neuronalen Netzes

Das genutzte Erfahrungswissen in Form der bisher gezeigten
Kundenreaktionen auf die Kataloge ergibt sich aus dem Verhal-

ten des Kunden in der Saison t, und der gezeigten Reaktion in der Saison t+1. Bei dieser handelt es sich um den Kauf oder Nicht-Kauf aus dem betreffenden Katalog. Aus diesem Grund können nur Kunden zu Trainings- und Validierungszwecken verwendet werden, die in der betreffenden Saison t+1 einen Katalog erhalten haben.

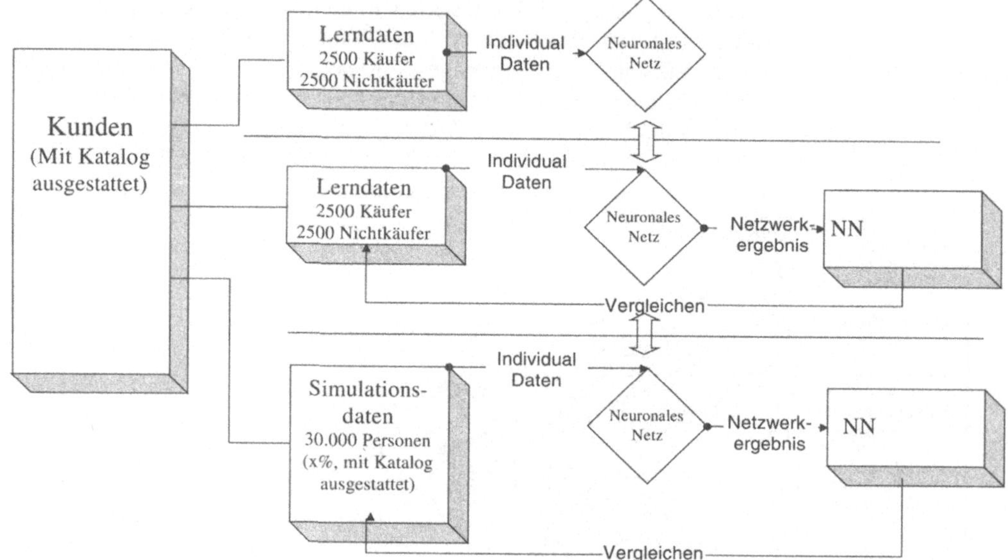


Abb. 3: Schema zur Entwicklung und Simulation
Neuronaler Netze

Das Zusammenspiel der erstellten Datensets wird anhand der Abbildung 3 deutlich. Nachdem im ersten Schritt ein Neuronales Netz mit einer gewissen Spezifikation trainiert wurde, wird es im zweiten Schritt mit Hilfe der Testdatei auf seine Generalisierungsfähigkeit hin getestet. Es wird somit geprüft, inwieweit das durch das Training erworbene Wissen dem unbekannten Ursachen-Wirkungszusammenhang zwischen dem Verhalten in der Vorsaison und dem Kauf in der Folgesaison entspricht. Diese Schritte werden solange wiederholt bis ein hinreichend gutes Netz bezüglich der Übertragbarkeit gefunden wird. Anschließend erfolgt eine ökonomische Validierung des in Schritt eins und zwei gefundenen hinreichend guten Netzwerks. Bei dieser Analyse wird untersucht, welchen ökonomischen Erfolg das Neuronale Netz erzielt hätte, wenn es in der betreffenden Saison schon verfügbar gewesen wäre.

Die Aufgabe der entwickelten Neuronalen Netze ist es, den komplexen unbekannten Ursachen-Wirkungszusammenhang zwischen den charakteristischen Eigenschaften der Kunden und deren Kauf aus einem der Kataloge zu lernen. Der Lernfehler wird zunächst durch jeden weiteren Iterationsschritt vermindert, d. h. die Generalisierungsfähigkeit des Neuronalen Netzes steigt. Nach einer bestimmten Anzahl Iterationsschritte beginnt der Testfehler jedoch zu steigen. Dieses Phänomen kann als Auswendiglernen bezeichnet werden (vgl. Maren, J. et al. 1990, S. 242). Dabei werden die Gewichte derart verändert, dass das Netz Sachverhalte lernt, die nur für die Trainingsdatei spezifisch sind und demnach nicht dem gesuchten Ursachen-Wirkungszusammenhang unterliegen. Eine weitere Verminderung des Trainingsfehlers führt somit zwangsläufig zu einer Verschlechterung des Testfehlers bzw. der Generalisierungsfähigkeit des Netzes. Um die optimale Iteriatonslänge bzw. die daraus resultierenden Gewichte identifizieren zu können, wurde die Generalisierungsfähigkeit des Neuronalen Netzes nach jedem Lernschritt gemessen und der Testfehler sowie die entsprechenden Gewichte gespeichert und später analysiert.

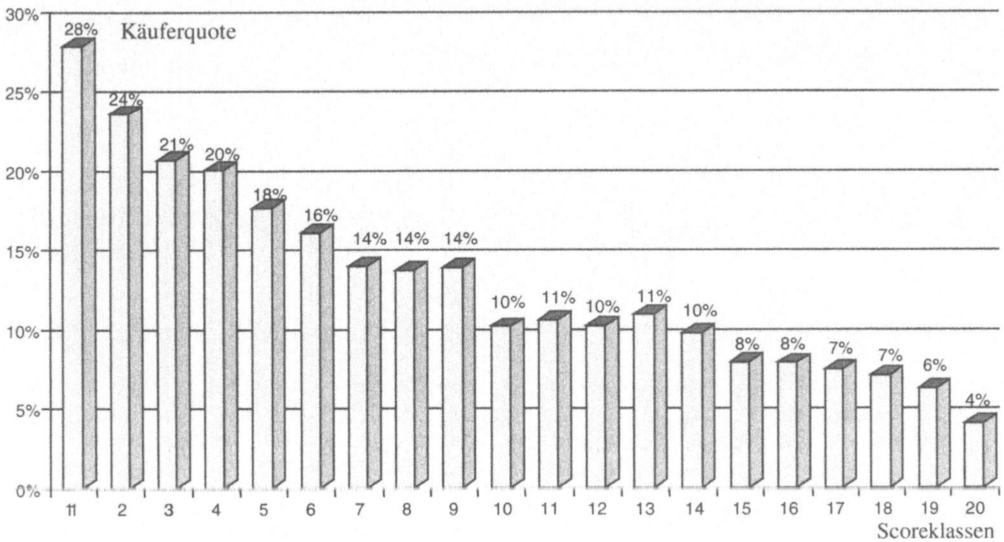


Abb. 4: Käuferquote in Abhängigkeit von den Netzwerkscores

Um die Korrelation zwischen der Prognose des Neuronalen Netzes und dem tatsächlichen Kauf aus einem Katalog transparenter zu machen, wurde für jedes Neuronale Netz eine Klassifikationsmatrix erstellt. Dabei wurden die verwendeten Testkunden mit Hilfe ihres Netzwerk-Outputs in 20 gleich große Klassen eingeteilt. Die Klasse 1 beinhaltet dabei die besten 5 % der Kunden, die Klasse 2 die zweitbesten 5 %, die Klasse 20 schließlich die schlechtesten 5 %. Abbildung 4 zeigt, inwieweit die Prognose des entwickelten Neuronalen Netzes mit der tatsächlichen Bestellwahrscheinlichkeit korreliert.

Der Testfehler korreliert mit der Linearität der Klassen. Ein Neuronales Netz mit einem niedrigen Prognosefehler zeichnet sich dadurch aus, dass eine stetig steigende Bestellwahrscheinlichkeit zwischen den Klassen existiert.

## 2.3 Ökonomische Validierung der Neuronalen Netze

Die wohl interessanteste Frage zur Beurteilung der Kundenprognosesysteme lautet:

*Welchen ökonomischen Erfolg eines Kataloges hätte das Versandhaus mit welcher Ausstattungsdichte erzielt, falls alle Kunden mit dem Neuronalen Netz beurteilt und anschließend nur die besten Kunden ausgestattet worden wären ?*

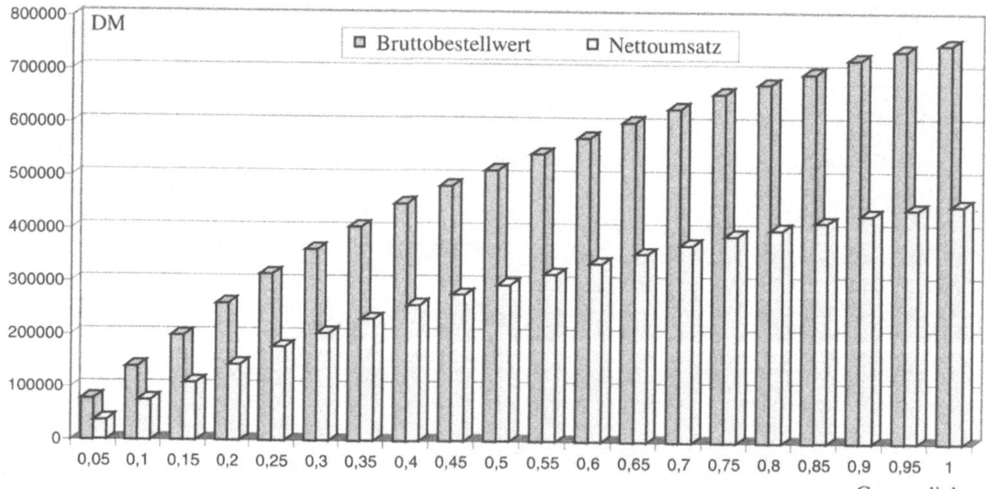


Abb. 5: Bruttobestellwert und Nettoumsatz in Abhängigkeit von der Ausstattungsdichte

Die konvexe Struktur der Kurve des Bruttobestellwertes und des tatsächlich realisierten Umsatzes in Abhängigkeit von der Ausstattungsdichte zeigt, dass bei einer niedrigen Ausstattungsdichte jene Kunden selektiert werden, welche im Schnitt den höchsten

Bruttobestellwert und Nettoumsatz erzielen (Abb. 5). Wie bereits dargestellt, wird zwar ein maximaler Umsatz mit einer Ausstattung aller Kunden erreicht, jedoch verschlechtert sich dadurch auch die Kosten-Umsatz-Relation (Abb. 6). Wären nur die 15 % besten Kunden ausgestattet worden, so wären mit 13,50 DM Werbekosten 100 DM Umsatz erzielt worden. Bei einer Ausstattung aller Kunden belaufen sich die Werbekosten demnach auf fast 22 % des Umsatzes. Die monoton steigende Struktur der Kosten-Umsatz-Relation lässt wiederum darauf schließen, dass das Netz gelernt hat, die Mehrzahl der Kunden hinsichtlich ihres Kaufverhaltens richtig zu beurteilen.

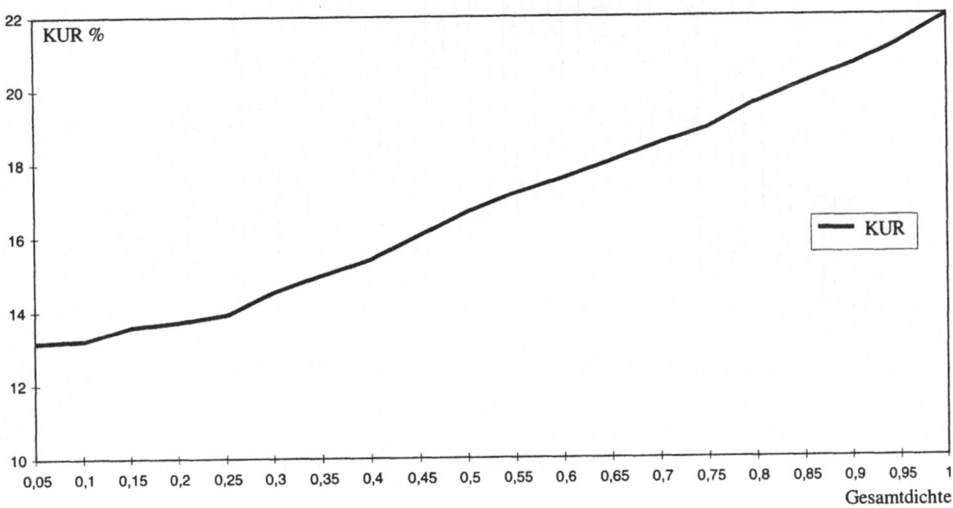


Abb. 6: Kosten-Umsatz-Relation in Abhängigkeit von der Ausstattungsdichte

Die zweite relevante Fragestellung lautet:

*Welcher Deckungsbeitrag wäre mit welcher Ausstattungsdichte erzielt worden?*

Sowohl der Nettoumsatz als auch der prozentuale Deckungsbeitrag sind von der Ausstattungsdichte abhängig. Eine hohe Ausstattungsdichte führt zwar zu einem hohen Nettoumsatz, aber gleichzeitig auch zu einer niedrigen Kosten-Umsatz-Relation, was letztendlich zu einem niedrigen Deckungsbeitrag führt.

Der maximale Deckungsbeitrag von etwa 160.000 DM wäre mit einer Ausstattung von 40 % der Kunden erzielt worden (Abbildung 7). Es ist allerdings zu beachten, dass die Simulationsdatei nur einen geringen Anteil der Kunden enthält. Der tatsächlich erzielte Deckungsbeitrag kann an der Ausstattungsdichte von 100 % abgelesen werden. Mit einer Ausstattung von 25 % der Kunden wäre derselbe Deckungsbeitrag erzielt worden, wie mit der Ausstattung der besten 70 %. Da die Kataloge im Allgemeinen neben dem Ertragsziel noch dem Kundenbindungsziel unterliegen, wäre eine Ausstattung von 25 % der Kunden aus strategischer Sicht nicht sinnvoll gewesen (Die größtmögliche Kundenbindung wird mit einer Ausstattungsdichte von 100% erzielt).

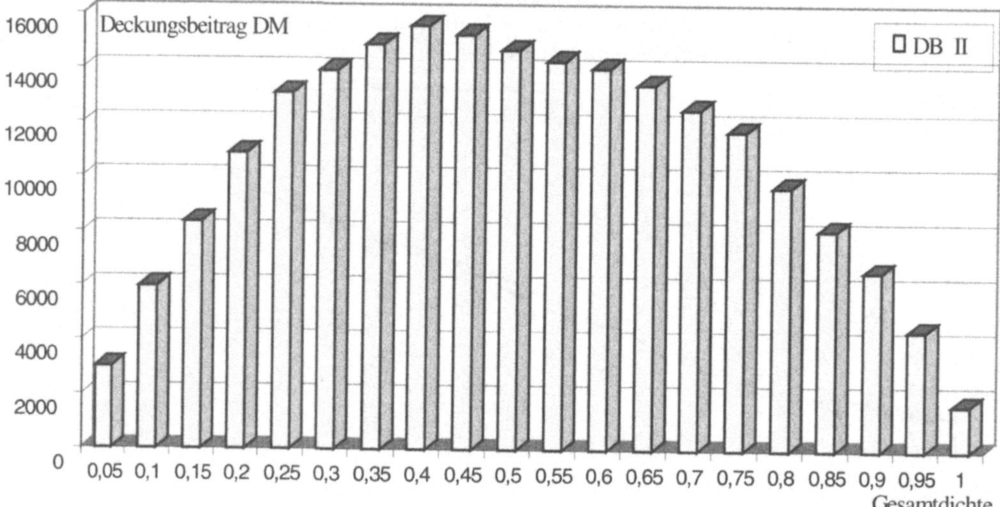


Abb. 7: Deckungsbeitrag II in Abhängigkeit von der Ausstattungsdichte

Die retrospektive Analyse des Werbemitteleinsatzes gibt Aufschluss über das Verbesserungspotential durch das Neuronale Netz. Eine Wahl der Ausstattungsdichte aufgrund dieser Analysen würde jedoch nur unter einer konstanten Kundenstammqualität zu einem entsprechenden Erfolg führen. Da die Qualität aller Kunden als nicht konstant angesehen werden kann, wurde ein Prognosemodell entwickelt, das die oben beschriebenen ökonomischen Auswirkungen unterschiedlicher Ausstattungsdichten simuliert.

# 3 Operative Umsetzung

Um den zukünftigen Einsatz der Kataloge zu optimieren, interessiert sich ein Marketing-Manager für die folgende Fragestellung:

*Mit welcher Ausstattungsdichte erreiche ich wie viele Käufer, welchen Umsatz, welchen Bruttobestellwert, welche Kosten-Umsatz-Relation und schließlich welchen Deckungsbeitrag ?*

Folglich ist es notwendig, diese Kennzahlen schon während der Werbeträgerplanung hinreichend genau zu prognostizieren. Hierzu steht zum einem das Neuronale Netz zur Beurteilung der Kundenqualität und zum anderen eine Erfahrungsmatrix zur Verfügung. Diese Matrix bildet den vom Neuronalen Netz ermittelten Scorewert eines Kunden auf seine Bestellwahrscheinlichkeit, den erwarteten Nettoumsatz und den Bruttobestellwert ab.

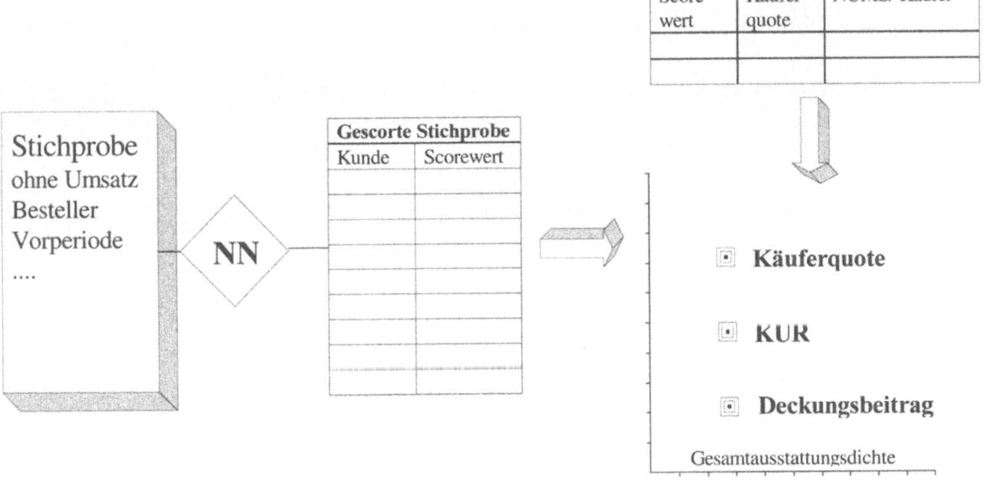


Abb. 8: Modell zur Prognose entscheidungsrelevanter Kennzahlen

Zur Prognose der Kennzahlen werden im ersten Schritt alle Kunden mit Hilfe des Neuronalen Netzes beurteilt. Im zweiten Schritt wird mit Hilfe der Scorewert-Erfahrungsmatrix die Bestellwahrscheinlichkeit für jeden Kunden sowie deren Bruttobestellwert und Nettoumsatz prognostiziert. Anhand dieser für jeden einzelnen Kunden durchgeführten Prognosen werden anschließend die vorgestellten Kennzahlen in Abhängigkeit von der Ausstattungsdichte prognostiziert. Das Prognosemodell ist demnach in der Lage, das aus der Erfahrung des Neuronalen Netzes unterstellte optimale Kunden-Mix ökonomisch zu beurteilen. Grundlage der Beurteilung ist die prognostizierte Qualität jedes einzelnen Kunden, die aufgrund seines Verhaltens in der Vorsaison unterstellt wird. Mit Hilfe dieses Vorgehens werden quantitative und qualitative Veränderungen des Kundenstamms bereits in der Planungsphase detailliert berücksichtigt. Eine genaue Antizipation unternehmerischen Handelns ist erreicht.

# Literaturverzeichnis


Heemann, M.: „Marketing Instrumente im Versandhandel", in: Dallmer, H. (Hrsg.): „Handbuch Direct Marketing", Gabler Verlag, Wiesbaden 1991, S.405 - 415.

Hölscher, U.: „Kalkulation einer Direktwerbe-Aktion", in: Dallmer, H. (Hrsg.).: „Handbuch Direct Marketing", Gabler Verlag, Wiesbaden 1991, S. 535 - 543.

Knauff, D.: „Testverfahren im Direkt-Marketing", in: Dallmer, H. (Hrsg.).: „Handbuch Direct Marketing", Gabler Verlag, Wiesbaden 1991, S. 581 - 590.

Maren, J. et al.: „Configuring and optimizing the Back-Propagation Network", in: Clifford R. Parten : „Handbook of neural computing applications", Academic Press, San Diego 1990, S. 242.

Rojas, R.: „Theorie der Neuronalen Netze: Eine systematische Einführung", Springer Verlag, Berlin 1993.

Weißmann. F.: „Kalkulation im Versandhandel", in: Dallmer, H. (Hrsg.).: „Handbuch Direct Marketing", Gabler Verlag Wiesbaden 1991, S. 545 - 533.

Zell, A.: „Simulation Neuronaler Netze", Addison-Wesley, Bonn, 1994.

# Kapitel 4:

# Adressabgleich mittels Neuronaler Netze

Dipl.-Wirtsch.-Inf. Katrin Schikowsky

Andersen Consulting GmbH

Otto-Volger-Straße 15

65843 Sulzbach/Ts.

# Inhaltsverzeichnis

# Einführung

Bei Versandhandelsunternehmen stammt das Adressmaterial aus unterschiedlichen internen Quellsystemen sowie von externen Adressbrokern. Adressen von eigenen Kunden sollten nicht erneut angemietet werden, da dies neben den Kosten für die Anmietung und die Werbesendung auch Irritationen beim Kunden hervorrufen kann. Weiterhin müssen die anzumietenden Adressen vor ihrer Verwendung gegen Adresslisten von Kunden abgeglichen werden, die sich in der Vergangenheit als zahlungsunwillig oder -unfähig erwiesen haben.

Für das sog. Adressabgleichverfahren wird hier die Konzeption und Umsetzung eines mathematisch-phonetischen Verfahrens auf Basis eines Neuronalen Netzes beschrieben.

### Vorverarbeitung der Adressen

Die phonetischen oder mathematischen Verfahren zur Ähnlichkeitsanalyse führen insbesondere bei Namen mit einer Vielzahl an Schreib- oder Abkürzungsvarianten zu der Notwendigkeit einer Vorverarbeitung. Zunächst werden aus den Straßennamen die Bestandteile Straße, Weg, Platz, Allee, Ring, Chaussee und deren Abkürzungen gestrichen.

Vornamen vor einem Abkürzungspunkt mit x ($x \geq 4$) Buchstaben werden so behandelt, dass der Vorname der anderen Adresse, falls er länger ist, auch auf x Buchstaben gekürzt wird. Als abgekürzte Vornamen können auch Rufformen, wie z.B. „Susi" statt „Susanne" definiert werden.

# 2 Mathematische und phonetische Verfahren zur Ähnlichkeitsanalyse von Adresskomponenten

## 2.1 Phonetische Kodierungsverfahren

### 2.1.1 Kölner Phonetik

Das Verfahren der Kölner Phonetik (vgl. Postel, H. J. 1969) wurde erstmals Ende der 60er Jahre in öffentlichen Verwaltungen eingesetzt und wandelt einen Namen in einen Zahlencode um, wobei phonetisch ähnlichen Lauten (z.B. B und P) derselbe Wert zugeordnet wird. Vokale werden nur berücksichtigt, wenn sie an der ersten Stelle des Namens stehen, ansonsten werden sie wegen ihrer Verwechselbarkeit ignoriert. Auch Buchstabenkombinationen werden berücksichtigt; so wird beispielsweise der Buchstabe D, dem ein C, S oder Z folgt wie ein S kodiert, in anderen Kombinationen wird das D durch einen eigenen Substitutionswert ersetzt. Das Datenbanksystem adabas konnte z.B. schon in seiner Anfangsversion Attribute derartig phonetisch abspeichern.

Die Substitutionsregeln dieses Verfahrens sind auf die deutsche Sprache ausgerichtet.

### 2.1.2 Wiener Phonetik

Die Wiener Phonetik (vgl. Herget, M. 1964) wurde von der Bundespolizeidirektion Wien entwickelt und diente dort der phonetischen Ordnung von Namen. Die Wiener Phonetik erzeugt einen Kode, der aus den Ziffern 0,...,9, sowie den Buchstaben L, M, N und R besteht. Ähnlich wie bei der Kölner Phonetik werden gleichklingende Laute durch dieselben Substitutionssymbole dargestellt. Im Gegensatz zur Kölner Phonetik ist jedoch bei der Wiener Phonetik die Reihenfolge der Umwandlungsschritte wichtig.

## 2.2    Schreibweisenvergleich zweier Namen

### 2.2.1    n-Gramme

Mit Hilfe von n-Grammen kann ein Maß für die Ähnlichkeit der Schreibweise zweier Wörter definiert werden. Hierzu werden zunächst die Mengen der n-Gramme der einzelnen Wörter gebildet. Ein n-Gramm ist eine aus n benachbarten Buchstaben bestehende Zeichenkette eines Wortes (vgl. Pfeifer, U. et al. 1994). Aus dem Wort EIMER bspw. lassen sich die Diagramme (= 2-Gramme) EI, IM, ME und ER bilden.

Sei $A_1$ die Menge der n-Gramme des ersten Wortes, $A_2$ die des zweiten. Sei weiterhin $|A_x|$ die Anzahl der Elemente in $A_x$. Dann ist das Ähnlichkeitsmaß $\rho$, $\rho \in [0,1]$, definiert durch:

$$(2.1) \qquad \rho := \frac{|A_1 \cap A_2|}{|A_1 \cup A_2|}$$

Das Ähnlichkeitsmaß z.B. der Wörter Eimer und Leiter berechnet sich folgendermaßen:

Wort 1 : EIMER

Wort 2 : LEITER

$A_1$ = {EI, IM, ME, ER}

$A_2$ = {LE, EI, IT, TE, ER}

$A_1 \cap A_2$ = {EI, ER}     $\Rightarrow |A_1 \cap A_2| = 2$

$A_1 \cup A_2$ = {EI, IM, ME, ER, LE, IT, TE}   $\Rightarrow |A_1 \cup A_2| = 7$

$$\Rightarrow \rho = \frac{|A_1 \cap A_2|}{|A_1 \cup A_2|} = \frac{2}{7}$$

Eine Erweiterung der n-Gramme sind die n-Gramme mit Leerzeichen. Hierbei werden vor und nach dem Wort Leerzeichen angehängt, die bei der Bildung der n-Gramme berücksichtigt werden. Für das Wort Eimer ergibt sich dann die Menge: {_E, EI, IM, ME, ER, R_}.

### 2.2.2    Damerau-Levenstein-Metrik

Die Damerau-Levenstein-Metrik (vgl. Damerau, F. 1964) ermittelt die minimale Anzahl an Schreibfehlern, die zwei Wörter s und t voneinander unterscheidet, wobei vier Arten von Schreibfehlern zugelassen werden:

1. Zwei benachbarte Buchstaben sind vertauscht (TSICH statt TISCH).
2. Ein Buchstabe ist eingefügt (TISTCH statt TISCH).
3. Ein Buchstabe fehlt (TSCH statt TISCH).
4. Ein Buchstabe ist durch einen anderen ersetzt (TUSCH statt TISCH).

Zur Berechnung der Damerau-Levenstein-Metrik wird eine Distanzfunktion d benötigt, die angibt, ob der i-te Buchstabe des Wortes s mit dem j-ten Buchstaben des Wortes t übereinstimmt oder nicht:

$$(2.2) \qquad d(s_i, t_j) := \begin{cases} 0, \text{für } s_i = t_j \\ 1, \text{für } s_i \neq t_j \end{cases}$$

Die Damerau-Levenstein-Metrik ist dann definiert durch:

$$f(0,0) := 0$$

$$(2.3) \qquad f(i,j) = \min \begin{cases} f(i-1, j) + 1, \\ f(i, j-1) + 1, \\ f(i-1, j-1) + d(s_i, t_j), \\ f(i-2, j-2) + d(s_{i-1}, t_j) + d(s_i, t_{j-1}) + 1 \end{cases}$$

Da die Funktion f rekursiv definiert ist, benötigt die Ermittlung der Damerau-Levenstein-Metrik einen hohen Rechenaufwand.

### 2.2.3    Verfahren des Buchstabenvergleiches

Bei diesem selbstentwickelten Verfahren wird die Ähnlichkeit zweier Wörter anhand ihrer Buchstaben geprüft. Für jeden Buchstaben, der in beiden Wörtern enthalten ist, wird ein Zähler, der zuvor mit 0 initialisiert wird, um den Wert 1 inkrementiert. Der Buchstabe wird daraufhin jeweils einmal aus beiden Wörtern gestrichen. Dieser Vorgang wird solange wiederholt, bis nur noch Buchstaben vorhanden sind, die sich nicht entsprechen.

Das folgende Beispiel soll die Vorgehensweise verdeutlichen:

| LEITER | LITER | LTER | LTR | LT |
|--------|-------|------|-----|----|
| EIMER | IMER | MER | MR | M |
| Zähler: 0 | 1 | 2 | 3 | 4 |

Analog zu den Diagramm-Verfahren wird auch hier ein Ähnlichkeitsmaß $\rho$, $\rho \in [0,1]$ berechnet, das durch:

$$(2.4) \qquad \rho := \frac{2*c}{a+b}$$

definiert ist. Dabei bezeichnet a die Länge des ersten Wortes, b die des zweiten Wortes und c den Wert des Zählers. Ist $\rho = 0$, so bedeutet dies, dass keine Buchstaben übereinstimmen. Dagegen stimmen bei einem Ähnlichkeitsmaß von $\rho = 1$ alle Buchstaben überein. Der Buchstabenvergleich nimmt keine Rücksicht auf Positionen (z.B. gilt für EVA und für AVE $\rho = 1$). Daher kann er nur in Kombination mit anderen Verfahren zu aussagefähigen Ergebnissen führen.

## 2.3 Hausnummernabgleich

Da Hausnummern, die leicht verfälscht werden können, nicht mit den bisher beschriebenen Verfahren verglichen werden können, wurde ein eigener Algorithmus entwickelt. Der Vergleich wird an bereinigten Hausnummern durchgeführt. Zusätze werden gestrichen, so dass z.B. die Hausnummern 23/2, 23/II oder 23a als 23 behandelt werden.

Das Ähnlichkeitsmaß $\rho$ für einfache Hausnummern wird nach der folgenden Methode ermittelt:

Seien *Hsnr1* und *Hsnr2* die zu vergleichenden einfachen Hausnummern ohne Zusatz. Weiterhin sei *Hsnr1*, *Hsnr2* $\in$ N und *Hsnr1* $\neq$ *Hsnr2*. *Hsnr1* habe a Ziffern und *Hsnr2* b Ziffern, wobei $b \geq a$. Es wird gezählt, wie viele Ziffern von *Hsnr1* in *Hsnr2* vorkommen. Dieser Wert werde mit c bezeichnet. Das Ähnlichkeitsmaß $\rho$, $\rho \in [0;0,5]$, ist dann definiert durch:

$$(2.5) \qquad \rho := \frac{c}{2b}$$

Beispiele für zwei einfache Hausnummern sind:

- Hsnr1 = 73, Hsnr2 = 37 $\Rightarrow$ a = b = 2, c = 2 $\quad\Rightarrow$ $\rho = 1/2$

- Hsnr1 = 73, Hsnr2 = 377 $\Rightarrow$ $\quad$ a = 2, b = 3, c = 2 $\Rightarrow$ $\quad$ $\rho = 1/3$

- Hsnr1 = 55, Hsnr2 = 44 $\Rightarrow$ $\quad$ a = b = 2, c = 0 $\Rightarrow$ $\quad$ $\rho = 0$

## 2.4 Vergleich der Postleitzahlen

Auch für den Postleitzahlenvergleich wird ein eigenentwickeltes Verfahren angewandt. Das Ähnlichkeitsmaß $\rho$ wird durch den folgenden Algorithmus berechnet:

1. Initialisiere $\rho$ mit 0.

2. Falls die jeweils Erste übereinstimmt, erhöhe $\rho$ um 0,35 und überschreibe je die erste Ziffer der beiden Postleitzahlen durch ein x. Verfahre analog für die zweite Ziffer.

3. Erhöhe für jede weitere übereinstimmende Ziffer (d.h. dieselbe Ziffer an derselben Position) $\rho$ um 0,1 und überschreibe die Ziffern dann durch ein x.

4. Falls die erste und zweite Ziffer der Postleitzahlen vertauscht sind, erhöhe $\rho$ um 0,6 und überschreibe die Ziffern durch ein x.

5. Erhöhe für jede verbliebene Ziffer der ersten Postleitzahl, die in der zweiten vorkommt, $\rho$ um 0,05 und überschreibe anschließend die Ziffern durch ein x.

Bei diesem Algorithmus zur Bestimmung des Ähnlichkeitsmaßes $\rho$ wird die Wichtigkeit der ersten zwei Ziffern jeweils mit 0,35 bewertet und die der anderen drei Ziffern mit 0,1. Stimmen zwei Postleitzahlen in allen Ziffern überein, erhält $\rho$ somit den Wert 1. Im vierten und fünften Schritt werden Zahlendreher berücksichtigt. Sind die ersten zwei Ziffern vertauscht, so werden diese Ziffern jeweils mit 0,3 bewertet, also nur mit 0,05 weniger pro Ziffer als wenn sie in der richtigen Reihenfolge ständen.

Ein Beispiel soll dies veranschaulichen:

Es soll die Ähnlichkeit von 68159 und 68195 berechnet werden. Zunächst wird $\rho$ mit 0 initialisiert. Da die ersten zwei Ziffern übereinstimmen, wird dann $\rho$ zweimal um den Wert 0,35 erhöht, so dass sich 0,7 ergibt. Weiterhin werden diese Ziffern durch ein x überschrieben. Da die dritte Ziffer übereinstimmt, bewirkt der dritte Schritt eine Erhöhung des Ähnlichkeitsmaßes um 0,1 auf 0,8. Die dritte Ziffer der beiden Postleitzahlen wird ebenfalls durch ein x überschrieben, so dass sich die Zeichenketten xxx59 und xxx95 ergeben. Der vierte Schritt bringt keine Änderung, da die ersten zwei Ziffern schon behandelt wurden. Zuletzt wird das Ähnlichkeitsmaß $\rho$ insgesamt um 0,1 erhöht, da sowohl die 5 als auch die 9 in beiden Postleitzahlen vorkommen. Als Endergebnis erhält man einen Wert von 0,9.

# 3 Grundlagen des Backpropagation-Ansatzes

## 3.1 Topologie des mehrschichtigen Perzeptrons

Das Backpropagation-Lernverfahren, das bereits im Jahre 1986 von Rumelhart, Hinton und Williams vorgestellt wurde (vgl. Rumelhart, D. E. et al. 1986) basiert auf früheren Arbeiten. Es handelt sich um ein überwachtes Lernverfahren, das für ein mehrschichtiges Perzeptron entwickelt wurde, weswegen ein Multi-Layer-Perzeptron auch oft als Backpropagation-Netzwerk bezeichnet wird. Backpropagation-Netzwerke können in vielen Gebieten eingesetzt werden und gelten als „all-anwendbares Mittel zur Aufnahme und Reproduktion von Trainingssituationen" (vgl. Kratzer, K.-P. 1990). Sie sind besonders zur Klassifikation, Mustererkennung und Punktprognose geeignet und können eine Approximation an beliebige stetige Funktionen leisten. Somit können sie auch eine Trennfunktion approximieren, die durch die Trainingsdaten vorgegeben ist (vgl. Kerling, M.; Poddig, T. 1994).

Ein mehrschichtiges Perzeptron gehört zur Klasse der Feedforward-Netze. Die Signale einer Eingabeschicht werden durch verschiedene verdeckte Schichten bis zu einer Ausgabeschicht durchgereicht und verarbeitet. Jedes Neuron einer Schicht ist mit jedem Neuron der nachfolgenden Schicht verbunden. Verbindungen sind aber auch über mehr als eine Schicht hinweg möglich (vgl. Kruse, H. et al. 1991). Ein sog. Multilayer-Perzeptron kann auch nichtlineare Abbildungen darstellen.

Der Nettoinput eines Neurons j wird berechnet. Es wird lediglich der Index p hinzugefügt, der das angelegte Eingabemuster bezeichnet. Der Schwellenwert $\theta_j$ wird statt bei der Aktivierungsfunktion schon jetzt berücksichtigt.

$$(3.1) \qquad \text{net}_{pj} = \sum_i w_{ij} o_{pi} + \theta_j$$

$w_{ij}$ bezeichnet das Gewicht der Verbindung zwischen den Neuronen i und j, $o_{pi}$ ist der Output des Neurons i bei Anliegen des

Musters p. Als Aktivierungsfunktion wird in den meisten Fällen eine sigmoide Funktion in Abhängigkeit vom Nettoinput verwendet.

$$(3.2) \qquad a_{pj}(t) = F(net_{pj}) = \frac{1}{1 + e^{-(net_{pj}(t))}}$$

Als Ausgabefunktion wird die Identitätsfunktion gewählt.

$$(3.3) \qquad o_{pj} = a_{pj}$$

## 3.2 Backpropagation-Lernverfahren

### 3.2.1 Mathematische Herleitung des Backpropagation-Lernverfahrens

Die Idee des Backpropagation-Lernverfahrens ist es, durch die Wahl geeigneter Gewichte des Netzes den Gesamtfehler E über alle Trainingsmuster zu minimieren. Der Gesamtfehler E ergibt sich als Summe der Fehler der einzelnen Musterpaare $E_p$ (vgl. Zell, A. 1994).

$$(3.4) \qquad E = \sum_p E_p$$

Der Fehler für ein Musterpaar berechnet sich aus den für das Muster gewünschten Ausgaben der Neuronen und deren tatsächlichen Ausgaben.

$$(3.5) \qquad E_p = \frac{1}{2} \sum_j \left( t_{pj} - o_{pj} \right)^2$$

Hierbei bezeichnet $t_{pj}$ ( t steht für target) den für das Muster p gewünschten Output des Neurons j und $o_{pj}$ den tatsächlichen Output.

Die Fehlerminimierung erfolgt über das Gradientenabstiegsverfahren. Die Steigung der Fehlerfunktion ergibt sich als Quotient aus der Fehlerveränderung $\partial E_p$ und der Änderung des Gewichtes $\partial w_{ij}$:

$$(3.6) \qquad \Delta w_{ij} = -\eta \frac{\partial E_p}{\partial w_{ij}}$$

$\eta$ ist ein Proportionalitätsfaktor, der als Lernfaktor oder als Schrittweite bezeichnet wird.

Insgesamt erhält man (vgl. Zell, A. 1994):

$$(3.7) \qquad \Delta w_{ij} = -\eta \frac{\partial E_p}{\partial net_{pj}} \frac{\partial net_{pj}}{\partial w_{ij}}$$

Es gilt:

$$(3.8) \qquad \frac{\partial net_{pj}}{\partial w_{ij}} = \frac{\partial}{\partial w_{ij}} \sum_k w_{kj} o_{pk} = o_{pi}$$

$\delta_{pj}$ bezeichne das Fehlersignal des Neurons j:

$$(3.9) \qquad \delta_{pj} := -\frac{\partial E_p}{\partial net_{pj}}$$

Daraus folgt für $\Delta w_{ij}$:

$$(3.10) \qquad \Delta w_{ij} = -\eta \cdot -\delta_{pj} \cdot o_{kj} = \eta \cdot \delta_{pj} \cdot o_{kj}$$

Es muss noch der Wert für $\delta_{pj}$ ermittelt werden. Durch Anwendung der Kettenregel ergibt sich aus (3.9):

$$(3.11) \qquad \delta_{pj} = \frac{\partial E_p}{\partial net_{pj}} = \frac{\partial E_p}{\partial o_{pj}} \frac{\partial o_{pj}}{\partial net_{pj}}$$

Wegen (3.2) und (3.3) folgt:

$$(3.12) \qquad \frac{\partial o_{pj}}{\partial net_{pj}} = F'(net_{pj})$$

Für $\delta_{pj}$ gilt somit:

$$(3.13) \qquad \delta_{pj} = \frac{\partial E_p}{\partial o_{pj}} F'(net_{pj})$$

Im Folgenden muss eine Fallunterscheidung für die inneren Neuronen und die Ausgabeneuronen gemacht werden, da für die inneren Neuronen der gewünschte Output nicht bekannt ist und somit approximiert werden muss.

Für die Ausgabeneuronen gilt wegen (3.5):

$$(3.14) \qquad \frac{\partial E_p}{\partial o_{pj}} = -(t_{pj} - o_{pj})$$

Für die inneren Neuronen gilt unter Verwendung der Kettenregel und (3.11):

$$(3.15) \qquad \frac{\partial E_p}{\partial o_{pj}} = \sum_k \frac{\partial E_p}{\partial net_{pk}} \frac{\partial net_{pk}}{\partial o_{pj}}$$

Hierbei bezeichnet k die Neuronen der folgenden Schicht, zu denen das Neuron j eine Verbindung hat.

Unter Verwendung der Formeln (3.1) und (3.9) ergibt sich:

$$(3.16) \qquad \frac{\partial E_p}{\partial o_{pj}} = \sum_k \frac{\partial E_p}{\partial net_{kp}} \frac{\partial net_{kp}}{\partial o_{pj}} = \sum_k \frac{\partial E_p}{\partial net_{kp}} \frac{\partial}{\partial o_{pj}} \sum_i w_{ik} o_{pi} = -\sum \delta_{pk} w_{jk}$$

Die Rückwärtsorientierung ist notwendig, da zur Berechnung der Fehlersignale von Neuronen in einer Schicht die Fehlersignale der nachfolgenden Schichten bekannt sein müssen.

Insgesamt ergibt sich für $\delta_{pj}$ :

$$(3.17) \qquad \delta_{pj} = \begin{cases} (t_{pj} - o_{pj}) F'(net_{pj}), & \text{falls j ein Ausgabeneuron ist} \\ \sum_k \delta_{pk} w_{jk} F'(net_{pj}), & \text{sonst} \end{cases}$$

Für die Gewichtsveränderung $\Delta w_{ij}$ gilt folglich:

$$(3.18) \qquad \Delta w_{pj} = \begin{cases} \eta o_{pi} (t_{pj} - o_{pj}) F'(net_{pj}), & \text{falls j ein Ausgabeneuron ist} \\ \eta o_{pi} \sum_k \delta_{pk} w_{jk} F'(net_{pj}), & \text{sonst} \end{cases}$$

Bei Verwendung der sigmoiden Aktivierungsfunktion (3.2) lautet die Gewichtsveränderung somit:

$$(3.19) \qquad \Delta w_{pj} = \begin{cases} \eta o_{pi} (t_{pj} - o_{pj}) o_{pj} (1 - o_{pj}), & \text{falls j ein Ausgabeneuron ist} \\ \eta o_{pi} \sum_k \delta_{pk} w_{jk} o_{pj} (1 - o_{pj}), & \text{sonst} \end{cases}$$

## 3.2.2     Trainingsphase des Backpropagation-Netzes

In einer ersten Phase wird ein Trainingsmuster an die Eingabeschicht angelegt und durch das Netz propagiert, darauf folgend werden die Fehlersignale für die einzelnen Neuronen ermittelt, um zuletzt die berechneten Gewichtsveränderungen zu erhalten (vgl. Fausett, L. 1994). Die Reihenfolge der Trainingsmuster sollte in jeder Epoche verändert werden, da somit Veränderungen, die nach jedem Lerndurchgang wiederkehren und durch die Reihenfolge der Muster bedingt sind, vermieden werden.

### 3.2.3 Backpropagation mit Momentum-Term

Eine Möglichkeit, die Konvergenz des Backpropagation-Lernverfahrens zu beschleunigen, ist die Einführung eines Momentum-Terms (vgl. Kinnebrock, W. 1992). Hierbei wird bei der Gewichtsänderung zum Zeitpunkt t die Änderung zum Zeitpunkt (t-1) berücksichtigt:

(3.20)
$$\Delta w_{ij}(t) = \eta \delta_{pj} o_{kj} + \alpha \Delta w_{ij}(t-1)$$

Der Faktor $\alpha$ ist der sog. Momentum-Wert (meist gleich 0,9). Durch ihn kann die Bedeutung der letzten Gewichtsveränderung bestimmt werden.

## 3.3 Grenzen des Ansatzes

### 3.3.1 Festlegung des Lernparameters

Die Festlegung des Lernparameters $\eta$ hat einen großen Einfluss auf die Qualität des Backpropagation-Lernverfahrens. Diesem wird üblicherweise ein Wert zwischen 0 und 1 zugewiesen, in manchen Fällen hat sich aber auch schon ein Lernparameter größer 1 bewährt. Für die optimale Wahl des Lernparameters existieren keine Regeln, da er in Abhängigkeit von der Problemstellung, den Trainingsdaten sowie der Topologie und der Netzdimensionierung zu wählen ist.

### 3.3.2 Initialisierung der Gewichte

Die Wahl der Initialisierungsgewichte des Netzes beeinflusst die Konvergenz des Lernverfahrens. Sind die Initialisierungsgewichte zu groß, so ergibt die Ableitung der sigmoiden Aktivierungsfunktion einen Wert nahe 0. Sind die Gewichte hingegen sehr klein gewählt, so liegt der Nettoinput der inneren und der Ausgabeneuronen nahe 0. Beides verlangsamt das Lernverfahren. Es ist üblich, den Initialisierungsgewichten Werte aus Intervallen wie z.B. [-0,5;0,5] oder [-1;1] zuzuweisen. Dabei muss aber darauf geachtet werden, dass nicht alle Gewichte des Netzes mit dem gleichen Wert initialisiert werden, da dies zu einer symmetrischen Weiterentwicklung der Gewichtsveränderungen führen würde. Alle Gewichte eines Eingabeneurons i zu den verdeckten Neuronen j sind in jeder Phase des Trainings gleich.

(3.21) $$w_{i1} = w_{i2} = w_{i3} = ... \quad \forall i \, , \ \text{i ist Eingabeneuron}$$

Ebenso entsteht für die Gewichte der inneren Neuronen zu einem Ausgabeneuron eine Symmetrie, die nicht mehr durchbrochen werden kann.

(3.22) $$w_{1k} = w_{2k} = w_{3k} = ... \quad \forall k \, , \ \text{k ist Ausgabeneuron}$$

Dies führt meist dazu, dass mit den Netzen keine Lösungen erreicht werden.

Ein einfacher Ausweg aus dieser Situation ist es, die Gewichte zufällig zu initialisieren, was jedoch mehrmals gemacht werden sollte.

### 3.3.3    Kodierung der Ein- und Ausgabewerte

Bei Anlegen der binären Eingabewerte 0 und 1 werden die Neuronen, an denen eine 0 anliegt, nicht trainiert, da die Gewichtsveränderung $\Delta w_{ij}$ proportional zur Ausgabe des Neurons $o_i$ erfolgt. Es empfiehlt sich daher, Werte wie -0,5 und 0,5 oder -1 und 1 zu wählen. Oft hat sich das Intervall [0,2;0,8] bewährt.

Bei der Kodierung der Ausgabewerte ist zu beachten, dass die sigmoide Aktivierungsfunktion die Ausgabewerte 0 und 1 nie erreichen kann. Um Ausgabewerte zu erhalten, die nahe 0 bzw. 1 liegen, ist betragsmäßig ein sehr hoher Nettoinput erforderlich und somit auch sehr hohe Gewichte. Dies kann zu Laufzeitfehlern führen. Daher sollten die Ausgabewerte auf ein kleineres Intervall, wie z.B. [0,1;0,9] abgebildet werden.

# 4 Mathematisch-phonetisches Abgleichverfahren auf Basis eines Backpropagation-Netzwerkes

## 4.1 Erstellung der Ein- und Ausgabevektoren für das Adressabgleichverfahren

Aus jeweils zwei Adressen wird mit Hilfe des Verfahrens ein Vergleichsvektor erstellt, der die Ähnlichkeit von jeweils zwei Adressen abbilden soll. Zur Berechnung werden die Adressen zunächst in Vorname, Nachname, Straße, Hausnummer, Postleitzahl und Ort zerlegt.

Pro Adressbestandteil kann eine unterschiedliche Strategie angewendet werden. Das Netz wird in der Trainingsphase selbst herausfinden, wie gut die einzelnen Verfahren für die Ähnlichkeitsanalyse zweier Adressen geeignet sind. Es wird ihnen dementsprechend einen geringen Einfluss erlauben, indem die Verbindungen, die von diesem Eingabeneuron ausgehen, sehr niedrig gewichtet werden (vgl. Schmidt-v.Rhein, A. ; Rehkugler, H. 1994). Die Bestandteile der Adressen werden jeweils sowohl phonetisch als auch geschrieben miteinander verglichen.

Die phonetische Ähnlichkeitsanalyse erfolgt über die vorgestellten Verfahren. Die daraus resultierenden Zahlenwerte werden jeweils miteinander verglichen. Falls die erhaltenen Kodierungen übereinstimmen, wird der Komponente des Vergleichsvektors an der entsprechenden Stelle der Wert 1 zugewiesen, andernfalls der Wert 0. Die Schreibweisen der Namen werden durch die normierte Damerau-Levenstein-Metrik, die Digramme und durch den Buchstabenvergleich verglichen. Die für die einzelnen Adressbestandteile ermittelten Werte werden in den Vergleichsvektor übernommen. Die Ähnlichkeit der Hausnummern und Postleitzahlen der Adressen wird durch die entsprechenden Verfahren ermittelt. Als Eingabe dient der berechnete Wert.

| Kompo-nente | Bedeutung | Wertebereich |
|---|---|---|
| 1 | Übereinstimmung der Kölner Phonetiken der Vornamen | -1 , 1 |
| 2 | Übereinstimmung der Wiener Phonetiken der Vornamen | -1 , 1 |
| 3 | Digramme mit einem Leerzeichen der Vornamen | [-1;1] |
| 4 | Normierte Damerau-Levenstein-Metrik der Vornamen | [-1;1] |
| 5 | Buchstabenvergleich der Vornamen | [-1;1] |
| 6 | Übereinstimmung der Kölner Phonetiken der Nachnamen | -1 , 1 |
| 7 | Übereinstimmung der Wiener Phonetiken der Nachnamen | -1 , 1 |
| 8 | Digramme mit einem Leerzeichen der Nachnamen | [-1;1] |
| 9 | Normierte Damerau-Levenstein-Metrik der Nachnamen | [-1;1] |
| 10 | Buchstabenvergleich der Nachnamen | [-1;1] |
| 11 | Übereinstimmung der Kölner Phonetiken der Straßennamen | -1 , 1 |
| 12 | Übereinstimmung der Wiener Phonetiken der Straßennamen | -1 , 1 |
| 13 | Digramme mit einem Leerzeichen der Straßennamen | [-1;1] |
| 14 | Normierte Damerau-Levenstein-Metrik der Straßennamen | [-1;1] |
| 15 | Buchstabenvergleich der Straßennamen | [-1;1] |
| 16 | Hausnummernvergleich | [-1;1] |
| 17 | Postleitzahlenvergleich | [-1;1] |
| 18 | Übereinstimmung der Kölner Phonetiken der Ortsnamen | -1 , 1 |
| 19 | Übereinstimmung der Wiener Phonetikenn der Ortsnamen | -1 , 1 |
| 20 | Digramme mit einem Leerzeichen der Ortsnamen | [-1;1] |
| 21 | Normierte Damerau-Levenstein-Metrik der Ortsnamen | [-1;1] |
| 22 | Buchstabenvergleich der Ortsnamen | [-1;1] |

Tab. 1: Komponenten des Eingabevektors

Der daraus resultierende Vergleichsvektor besteht aus 22 Komponenten, die jeweils einen Wert zwischen 0 und 1 bzw. 0 oder 1 annehmen, die auf den Eingabebereich [-1;1] skaliert werden. Tabelle 1 stellt die Bedeutung der einzelnen Komponenten des Eingabevektors dar.

Da es sich bei der Doublettenerkennung um ein einfaches Klassifikationsproblem handelt, bei dem nur zwischen zwei Klassen zu unterscheiden ist, stellt die Kodierung der Ausgabe kein Problem dar. Hierfür wird lediglich ein Ausgabeneuron benötigt, das einen hohen Wert erreicht, falls das Eingabemuster eine Doublette darstellt und einen niedrigen Wert, wenn dies nicht der Fall ist. Dazu wird den Trainingsdaten, die eine Doublette darstellen, der Wert 0,9 zugewiesen, den anderen wird der Wert 0,1 zugeordnet.

## 4.2 Stuttgarter Neuronale Netze Simulator

Als Software zum Trainieren des Neuronalen Netzes wird der Stuttgarter Neuronale Netze Simulator (SNNS) gewählt, welcher für Forschungszwecke kostenlos über das Internet erhältlich ist. Dieser Simulator wird seit 1989 in einem Projekt am Institut für parallele und verteilte Höchstleistungsrechner an der Universität Stuttgart entwickelt (vgl. Zell, A. et al. 1995). Zur Erhöhung der Portabilität und aus Effizienzgründen ist der Simulator in ANSI-C implementiert.

SNNS enthält alle gängigen Netzarten und Lernverfahren (z.B. Backpropagation, selbstorganisierende Karten, Hopfield-Netze, ART-Netze) sowie die gebräuchlichsten Aktivierungs- und Ausgabefunktionen. Der Benutzer kann aber auch selbsterstellte Lernverfahren, Aktivierungs- und Ausgabefunktionen hinzufügen. Die Anzahl der Neuronen und der Verbindungen zwischen den einzelnen Neuronen ist frei wählbar und nur durch den Speicherplatz begrenzt (vgl. Zell, A. 1994).

## 4.3 Ermittlung der optimalen Dimensionierung des Netzes

Da es bisher keine Regeln für die Wahl der Anzahl verdeckter Schichten gibt, kann es nur näherungsweise durch „trial and error"-Verfahren gelöst werden (vgl. Masters, T. 1993).

Es ist erwiesen, dass beim mehrstufigen Perzeptron nie mehr als zwei verdeckte Schichten benötigt werden. Es empfiehlt sich daher, zunächst mit einem dreischichtigen Perzeptron zu beginnen und dieses nur zu erweitern, falls dies auch bei Veränderungen der Neuronenanzahl in der verdeckten Schicht zu keinem zufrieden stellenden Ergebnis führt. Ein grobe Orientierung für die Anzahl der Neuronen kann die „geometric pyramid rule" geben, die auf ein dreischichtiges Perzeptron, welches mehr Eingabe- als Ausgabeneuronen hat, angewendet werden kann. Sei n die Anzahl der Eingabeneuronen und m die Anzahl der Ausgabeneuronen, dann errechnet sich die Anzahl der Neuronen für die verdeckte Schicht durch $\sqrt{m * n}$ (vgl. Masters, T. 1993).

### 4.3.1      Testreihe 1

In der ersten Testreihe werden Netze mit einer unterschiedlichen Anzahl an verdeckten Neuronen in Kombination mit verschiedenen Lernparametern trainiert.

Das Netz, das in diesem Projekt entwickelt wird, hat 22 Eingabeneuronen und nur 1 Ausgabeneuron. Die „geometric pyramid rule" ist daher anwendbar und ergibt einen Wert von 4,69. Da dieser Wert nur eine Orientierung geben soll, werden 3-schichtige Perzeptrons mit 2, 3, 4, 5, 6, 7 und 8 verdeckten Neuronen getestet.

Das angewendete Lernverfahren ist Backpropagation mit Momentumterm. Die Gewichtsanpassung erfolgt musterweise. Der Empfehlung von Kruse et al. folgend wird für das Momentum $\alpha$ ein Wert von 0,9 gewählt. In Vortests wurde herausgefunden, dass sich für das vorliegende Problem keine Verbesserungen des Lernverfahren durch Wahl eines anderen Momentumterms ergeben. Für die Lernraten empfehlen Kruse et al. einen Wert nahe 0,3. Es werden für das vorliegende Problem die verschiedenen Lernraten 0,1 , 0,2 , 0,3 , 0,4 und 0,6 verwendet. In Vortests wurden hierfür auch höhere Lernraten (0,7 , 0,8 , 0,9) bzw. niedrigere Lernraten (0,01 , 0,05) getestet, doch konnten sie keine besseren Ergebnisse erzielen. Da die Konvergenz des Backpropagation-Lernverfahrens von der zufälligen Initialisierung des Netzes abhängt, werden jeweils 10 Durchgänge für jede Dimensionierung und jeden Lernparameter durchgeführt. Die Leistungen des Netzes werden mit Hilfe des quadratischen Fehlers über alle Muster der Validierungsmenge (SSE = Sum Squared Error) gemessen:

$$(4.1) \qquad SSE := \sum_{p} (t_p - o_p)^2$$

Hierbei bezeichnet $t_p$ den Trainingswert und $o_p$ den erreichten

Wert bei Anliegen des Musters p. Ein Netz wird solange trainiert, bis der SSE der Validierungsmenge wieder ansteigt. In den Tabellen 2, 3 und 4 sind für die drei Testfälle die Ergebnisse notiert. Hierbei bezeichnet der Netzname 22-x-1 ein Netz mit x verdeckten Neuronen. Es wird für jede Kombination der minimale Fehler, der maximale Fehler, der durchschnittliche Fehler und die Standardabweichung der Fehler, die bei den 10 Durchgängen für die Validierungsmenge erreicht werden, ermittelt.

Aus den Ergebnissen wird deutlich, dass eine Erhöhung der Anzahl der inneren Neuronen nicht unbedingt zu einem kleineren Fehler führt. Für den Testfall 1, bei dem sowohl die Trainings- als auch die Validierungsmenge jeweils zur Hälfte aus Doubletten und Nichtdoubletten bestehen, sinkt der minimal erreichte Fehlerwert zwar von 1,02 bei zwei inneren Neuronen auf 0,09 bei sieben inneren Neuronen, jedoch wird mit acht inneren Neuronen nur ein minimaler Fehlerwert von 0,19 erreicht, ein Ergebnis, welches schlechter ist, als das mit vier inneren Neuronen erzielte. Für den Testfall 2 (80% Doubletten) wird das beste Ergebnis wiederum mit sieben verdeckten Neuronen erreicht, aber auch hier ist das Ergebnis mit acht Neuronen schlechter als das durch drei, vier oder sechs verdeckte Neuronen ermittelte. Der Testfall 3 (20% Doubletten) schließlich erreicht seinen minimalen Fehler schon mit zwei inneren Neuronen; ein Wert der zwar auch durch drei, fünf, sechs und sieben jedoch wieder nicht durch acht Neuronen erzielt wird.

Es ist nicht möglich, anhand dieser Ergebnisse das beste Netz für die Anwendung zu ermitteln, da die SSE-Werte, die für die einzelnen Testfällen erreicht werden, aufgrund der teilweise verschiedenen Trainings- und Validierungsmuster, nicht vergleichbar sind. Außerdem sind die Fehlerwerte in Bezug auf die Klassifikationsfähigkeit nur bedingt aussagekräftig. In einer zweiten Testreihe werden daher für jeden Testfall und für jede Dimensionierung Netze auf ihre Klassifikationsleistung geprüft. Hierfür werden die Netze gewählt, die jeweils den minimalen Fehler erreichen, z.B. werden für den Testfall 1 für zwei verdeckte Neuronen die fünf Netze genommen, die bei der ersten Testreihe die minimalen Fehlerwerte 1,13 , 1,09 , 1,02 , 1,11 und 1,13 erzielen. Von diesen Netzen kann eine gute Klassifikationsleistung erwartet werden.

### 4.3.2  Testreihe 2

Die in der ersten Testreihe ausgewählten Netze, die für jede Di-

mensionierung und jeden Lernparameter für jeden der drei Testfälle das beste ermittelte Netz darstellen, werden in dieser zweiten Testreihe auf ihre Klassifikationsfähigkeit hin untersucht. Ein
Muster gilt als richtig klassifiziert, wenn die vom Netz erzielte
Ausgabe in einem gewissen Intervall um den zu erreichenden
Trainingswert liegt. Trifft dies nicht zu, so ist das Muster falsch
klassifiziert.

Es werden zwei Klassifikationstests durchgeführt, die sich durch
ihre Intervalllänge unterscheiden. Diese Klassifikationstests werden jeweils sowohl mit der zum Testfall gehörenden Valida-
tionsmenge als auch mit der Testmenge durchgeführt. Zunächst
wird ein grob gefasster Klassifikationstest durchgeführt, bei dem
ein Muster als richtig erkannt gilt, wenn das Netz beim Anlegen
des entsprechenden Musters einen Ausgabewert, der höchstens
um 0,4 vom Zielwert abweicht, ausgibt. Für eine Doublette
(Zielwert 0,9) muss der vom Netz erzeugte Wert im Intervall
[0,5;1,3] liegen, damit die Doublette richtig klassifiziert ist; analog
muss eine Nichtdoublette (Zielwert 0,1) einen Wert im Intervall
[-0,3;0,5] ergeben

Beim zweiten durchgeführten Klassifikationstest wird das Intervall sehr klein gefasst, so dass die erreichten Werte nur noch um
0,01 vom Zielwert abweichen dürfen, um als richtig klassifiziert
zu gelten. Eine Doublette muss also einen Wert im Intervall
[0,89;0,91] und eine Nichtdoublette einen Wert im Intervall
[0,09;0,11] erzielen. Die entsprechenden Ergebnisse können in
der vierten und siebten Spalte der Tabellen abgelesen werden.

Die Ergebnisse der Testreihen zeigen zum einen, dass eine Erhöhung der Anzahl der inneren Neuronen im Allgemeinen nicht
zu einer besseren Klassifizierungsleistung führen. Zum anderen
zeigt sich, dass ein Netz, welches einen höheren SSE-Wert hat,
durchaus bessere Klassifikationsleistungen zeigen kann, als ein
Netz mit einem niedrigeren Fehlerwert. Das Netz mit zwei verdeckten Neuronen hat einen Fehlerwert von 1,11 und klassifiziert
99,46% der Muster richtig (bei der Intervalllänge 0,4), während
das Netz mit drei inneren Neuronen zwar nur einen Fehlerwert
von 0,68 hat, aber dafür nur 99,19% der Muster richtig klassifiziert.

### 4.3.3    Testreihe 3

Für diese Testreihe werden aus den für die zweite Testreihe ermittelten Netzen pro Testfall jeweils drei Netze ausgewählt, die

eine sehr gute Klassifikationsleistung zeigen. Wie die Ergebnisse der zweiten Testreihe zeigen, führt die Erhöhung der Anzahl der inneren Neuronen im Allgemeinen nicht zu einer Verbesserung der Klassifikationsfähigkeit. Da ein kleines Netz beim späteren Einsatz weniger Rechenzeit benötigt und somit die Schnelligkeit der Anwendung erhöht wird, werden daher für die dritte Testreihe bevorzugt Netze mit wenigen inneren Neuronen gewählt.

Für den Testfall 1 werden drei Netze mit nur zwei inneren Neuronen gewählt, da diese sowohl bei der Intervalllänge 0,4 als auch bei 0,01 für die Validierungs- und die Testmenge eine sehr gute Klassifikationsleistung haben. Netze mit einer höheren Anzahl an verdeckten Neuronen erzielen zwar teilweise einen höheren Anteil an richtig klassifizierten Mustern für die Intervalllänge 0,4, jedoch schneiden sie bei der Intervalllänge 0,01 schlechter ab. In Tabelle 2 sind die drei ausgewählten Netze und ihre Klassifikationsleistungen dargestellt.

| Netz | Lern-rate | Validierungsmenge: val5_5 | | | Testmenge: testdat | | |
|---|---|---|---|---|---|---|---|
| | | richtig klassifizierte Muster (in %) | | SSE | richtig klassifizierte Muster (in %) | | SSE |
| | | bis 0,4 Differenz zum Zielwert | bis 0,01 Differenz zum Zielwert | | bis 0,4 Differenz zum Zielwert | bis 0,01 Differenz zum Zielwert | |
| 22-2-1 | 0,2 | 99,19 | 96,76 | 1,09 | 99,89 | 99,14 | 1,94 |
| | 0,3 | 99,46 | 97,03 | 1,02 | 99,75 | 99,29 | 3,47 |
| | 0,4 | 99,46 | 96,76 | 1,11 | 99,82 | 99,32 | 2,45 |

Tab. 2: Die drei für die Testreihe 3 ausgewählten Netze (Testfall 1)

Beim zweiten Testfall werden ein Netz mit zwei verdeckten Neuronen und zwei Netze mit drei verdeckten Neuronen gewählt. Für diese Netze gilt analog zum ersten Testfall, dass ihre Klassifizierungsleistung über alle vier geprüften Werte sehr gut ist. Tabelle 3 zeigt die ausgewählten Netze.

Auch für Testfall 3 werden wieder Netze gewählt, die einerseits nicht zu viele innere Neuronen haben und andererseits für alle untersuchten Werte eine gute Klassifikationsleistung zeigen. Diese Netze sind in Tabelle 4 zu sehen.

| | Lern-rate | Validierungsmenge: val8_2 | | | Testmenge: testdat | | |
|---|---|---|---|---|---|---|---|
| | | richtig klassifizierte Muster (in %) | | SSE | richtig klassifizierte Muster (in %) | | SSE |
| | | bis 0,4 Differenz zum Zielwert | bis 0,01 Differenz zum Zielwert | | bis 0,4 Differenz zum Zielwert | bis 0,01 Differenz zum Zielwert | |
| 22-2-1 | 0,2 | 99,73 | 96,20 | 0,47 | 99,64 | 96,25 | 5,94 |
| 22-3-1 | 0,2 | 99,73 | 95,68 | 0,49 | 99,75 | 95,89 | 2,93 |
| | 0,3 | 99,73 | 94,59 | 0,37 | 99,79 | 95,93 | 3,61 |

Tab. 3: Drei ausgewählte Netze (Testfall 2)

| Netz | Lernrate | Validierungsmenge: val2_8 | | | Testmenge: testdat | | |
|---|---|---|---|---|---|---|---|
| | | richtig klassifizierte Muster (in %) | | SSE | richtig klassifizierte Muster (in %) | | SSE |
| | | bis 0,4 Differenz zum Zielwert | bis 0,01 Differenz zum Zielwert | | bis 0,4 Differenz zum Zielwert | bis 0,01 Differenz zum Zielwert | |
| 22-2-1 | 0,3 | 100,00 | 98,65 | 0,01 | 99,79 | 99,54 | 3,17 |
| 22 3 1 | 0,2 | 100,00 | 96,49 | 0,03 | 100,00 | 98,43 | 0,47 |
| 22-4-1 | 0,3 | 100,00 | 97,84 | 0,03 | 100,00 | 98,57 | 0,58 |

Tab. 4: Drei ausgewählte Netze (Testfall 3)

Die neun ausgewählten Netze werden mit Hilfe des gesamten zur Verfügung stehenden Datenmaterials geprüft, welches aus den drei Trainingsmengen train5_5, train8_2 und train2_8, den drei Validierungsmengen val5_5, val8_2 und val2_8 und der Testmenge testdat besteht, um für spätere Adresszusammensetzungen gerüstet zu sein. Es werden die Klassifikationsleistungen, die bei einer zulässigen Abweichung vom Zielwert von 0,4 bzw. von 0,2 erreicht werden, ermittelt. In Tabelle 5 ist der Anteil an richtig klassifizierten Mustern, den die einzelnen Netze für die untersuchten Mengen erzielen, dargestellt. Zur besseren Identifizierung des Netzes steht in der Klammer hinter dem Netznamen der Testfall, durch den dieses Netz erzeugt wurde sowie der verwendete Lernparameter.

Für jede Menge liefert natürlich das Netz, welches durch diese Menge trainiert bzw. validiert wurde, die besten Ergebnisse. Die Auswertung dieser Testreihe zeigt außerdem, dass alle ausgewählten Netze einen sehr hohen Anteil an Mustern der Testdatei richtig klassifizieren (> 99,57%); besonders hoch ist dieser Wert bei den Netzen, die mit 20% Doubletten trainiert wurden. Jedoch zeigen diese Netze ein relativ schlechtes Klassifizierungsergebnis für Mengen, bei denen 50% oder sogar 80% Doubletten zu erkennen sind. Die Netze, deren Trainingsmengen zu 80% bzw. zu 50% aus Doubletten bestehen, liefern für alle untersuchten Mengen sehr gute Ergebnisse. Von diesen Netzen wird das Netz 22-2-1(1-0,3) ausgewählt, da es für alle Mengen hervorragende Klassifizierungsergebnisse liefert und zudem nur zwei innere Neuronen hat. Bei einer erlaubten Differenz zum Zielwert von 0,4 erzielt das Netz für alle Mengen einen Anteil an richtig klassifizierten Mustern, der größer als 99,08% ist. Für eine Differenz von 0,2 beträgt dieser Wert 98,65%. Dieses Netz wird in die zu entwickelnde Anwendung des Projektes integriert.

| Netz | Differenz zum Zielwert | Testdateien | | | | | | |
|---|---|---|---|---|---|---|---|---|
| | | train5_5 | train8_2 | train2_8 | val5_5 | val8_2 | val2_8 | testdat |
| 22-2-1 | 0,2 | 99,77 | 98,97 | 99,08 | 99,19 | 99,38 | 99,73 | 99,82 |
| 1-0,2 | 0,4 | 100,00 | 99,08 | 99,31 | 99,19 | 99,38 | 99,73 | 99,89 |
| 22-2-1 | 0,2 | 99,89 | 99,31 | 99,20 | 99,46 | 98,65 | 99,73 | 99,68 |
| 1-0,3 | 0,4 | 100,00 | 99,66 | 99,31 | 99,46 | 99,19 | 99,73 | 99,75 |
| 22-2-1 | 0,2 | 99,77 | 99,31 | 99,20 | 99,19 | 98,92 | 99,73 | 99,79 |
| 1-0,4 | 0,4 | 100,00 | 99,66 | 99,31 | 99,46 | 99,19 | 99,73 | 99,82 |
| 22-2-1 | 0,2 | 98,51 | 99,54 | 97,82 | 99,19 | 99,19 | 98,92 | 99,57 |
| 2-0,2 | 0,4 | 98,85 | 99,77 | 98,62 | 99,73 | 99,73 | 99,46 | 99,64 |
| 22-3-1 | 0,2 | 99,20 | 100,00 | 98,16 | 98,92 | 99,73 | 98,65 | 99,61 |
| 2-0,3 | 0,4 | 99,43 | 100,00 | 98,74 | 98,92 | 99,73 | 98,92 | 99,79 |
| 22-3-1 | 0,2 | 98,97 | 100,00 | 98,05 | 98,65 | 99,46 | 98,65 | 99,71 |
| 2-0,2 | 0,4 | 98,97 | 100,00 | 98,05 | 98,65 | 99,46 | 98,65 | 99,71 |
| 22-2-1 | 0,2 | 94,25 | 92,64 | 99,54 | 96,76 | 95,68 | 100,00 | 99,79 |
| 3-0,3 | 0,4 | 95,17 | 93,56 | 99,66 | 97,30 | 96,22 | 100,00 | 99,79 |
| 22-3-1 | 0,2 | 96,09 | 93,10 | 99,89 | 96,76 | 94,05 | 100,00 | 99,86 |
| 3-0,2 | 0,4 | 96,90 | 94,94 | 99,89 | 97,57 | 95,14 | 100,00 | 100,00 |
| 22-4-1 | 0,2 | 96,21 | 93,68 | 99,89 | 95,95 | 92,70 | 100,00 | 99,86 |
| 3-0,3 | 0,4 | 97,13 | 95,06 | 99,89 | 97,57 | 94,86 | 100,00 | 100,00 |

Tab. 5: Anteil richtig klassifizierter Muster für verschiedene Netze

# 5 Zusammenfassung und Ausblick

Das entwickelte System zum Adressabgleich liest zunächst die Adressen aus einer Datei eines Datawarehouse ein, deren Namen vom Benutzer eingegeben werden kann. Soll ein Abgleich zwischen mehreren Listen durchgeführt werden, so müssen diese zunächst in eine Datei geschrieben werden. Nach der Bereinigung wird aus jeder Kombination zweier Adressen, deren Postleitzahl übereinstimmt, ein Vergleichsvektor erstellt. Hierzu sind alle vorgestellten Verfahren zur Ähnlichkeitsanalyse implementiert:

Der Vektor wird im nächsten Schritt dem Neuronalen Netz, welches in den beschriebenen Testreihen ermittelt wurde, präsentiert. Dieses Netz ist im System integriert und erzeugt einen Ausgabewert. Von diesem hängt ab, ob der Vektor und die zwei Adressen, die ihn gebildet haben, in die Doublettendatei oder in eine „Zweifeldatei" geschrieben werden. Letztere nimmt Adressen auf, die manuell untersucht werden müssen, da für ihren Vergleichvektor ein Ausgabewert erzeugt wird, der weder eine Doublette noch eine Nichtdoublette darstellt. Um festzusetzen, in welche Datei ein Vektor und die zugehörigen Adressen geschrieben werden, wird der Benutzer vorher aufgefordert, Werte einzugeben, in deren Grenzen er die Doubletten bzw. Nichtdoubletten für richtig klassifiziert hält (z.B. [0,09;0,11] für eine Nichtdoublette und [0,89;0,91] für eine Doublette). Durch diese Vorgehensweise kann der Benutzer die Zielsetzung der Doublettenerkennung vorgeben. Sollen eher zu viele Doubletten erkannt werden, wird der Benutzer für den Wert einer Doublette nur ein sehr kleines Intervall angeben und dafür das Intervall für eine Nichtdoublette sehr groß gestalten. Falls die Adresse nicht eliminiert werden soll, z.B. bei bestehenden Kundenlisten, wird analog ein kleines Intervall für die Nichtdoublette und ein großes Intervall für die Doublette angegeben.

Das ausgewählte Netz wurde bislang mit Adressen aus dem Datawarehouse des Projektes trainiert, die weder in der Postleitzahl noch in dem Ortsnamen Fehler enthalten. Sofern das System auch für fehlerbehaftete Adressen eingesetzt werden soll, muss das Netz lediglich neu trainiert werden. Die benötigten Verfahren für die Kodierung des Ortsnamens und der Postleitzahl sind bereits im Anwendungsprogramm implementiert.

In der täglichen Praxis ist es aufgrund des hohen Rechenaufwandes nicht möglich, alle Adressen miteinander zu vergleichen. Zur Erhöhung der Effizienz des Verfahrens ist es daher notwendig, eine vernünftige Vergleichsstrategie zu entwickeln. Im vorliegenden Programm werden zwei Adressen nur dann miteinander verglichen, wenn sie dieselbe Postleitzahl haben. Dies ist jedoch bei einer Erweiterung des Systems um Adressen, die auch in dieser Komponente Fehler aufweisen, kein geeignetes Kriterium mehr und wird in einem Folgeprojekt angegangen.

Insgesamt hat sich das eingesetzte Verfahren als erfolgreicher als alle bisher verwendeten gezeigt.

# Literaturverzeichnis


Damerau, F.: „A Technique for Computer Detection and Correction of Spelling Errors", in: *Communications of the ACM* 7, 1964, S. 171-176.

Fausett, L.:„Fundamentals of Neural Networks" in: „Architectures, Algorithms and Applications", · Prentice-Hall, Englewood Cliffs 1994.

Herget, M.: „Verwendung der Phonetik im Rahmen einer elektronischen Datenverarbeitungsanlage" in: *Kriminalistik*, Heft 20, 1966, S. 216-217.

Kerling, M. ; Poddig, T.: „Klassifikation von Unternehmen mittels KNN" in: Rehkugler, H. ; Zimmermann, H. G. (Hrsg.): „Neuronale Netze in der Ökonomie: Grundlagen und finanzwirtschaftliche Anwendungen", Verlag Franz Vahlen GmbH, München 1994, S. 440.

Kinnebrock, W.: „Neuronale Netze: Grundlagen, Anwendungen, Beispiele", Oldenbourg Verlag, München, Wien 1992, S. 42 f.

Kratzer, K.-P.: „Neuronale Netze: Grundlagen und Anwendungen", Carl Hanser Verlag, München, Wien 1990, S. 143.

Kruse, H. et al.: „Programmierung neuronaler Netze - Eine Turbo Pascal Toolbox", Addison-Wesley, Bonn, München, Reading, Mass. u.a. 1991, S. 99.

Masters, T.: „Practical Neural Network Recipes in C++", Academic Press, San Diego 1993, S.173 ff.

Pfeifer, U. et al.: „Searching Proper Names in Databases" Lehrstuhl Informatik VI, Universität Dortmund 1994, S. 3 f.

Postel, H. J.: „Die Kölner Phonetik: Ein Verfahren zur Identifizierung von Personennamen auf der Grundlage der Gestaltsanalyse" in: *IBM Nachrichten* 19, 1969, S. 925-931.

Rumelhart, D. E. ; Hinton, G. E. ; Williams, R. J.: „Learning Internal Representations by Error Propagation" in: Rumelhart, D. E. ; Mc Clelland, J. L.: „Parallel Distributed Processing: Explorations in the Microstructure of Cognition", Volume 1: Foundations, The MIT Press, Cambridge, Mass. u.a. 1986, S. 318-362.

Schmidt-von Rhein, A. ; Rehkugler, H.: „KNN zur Kreditwürdigkeitsprüfung bei Privatkundenkrediten" in: Rehkugler, H. ; Zimmermann,H. G. (Hrsg.): „Neuronale Netze in der Ökonomie: Grundlagen und finanzwirtschaftliche Anwendungen", Verlag Franz Vahlen GmbH, München 1994, S. 491-545.

Zell, A.: „Simulation Neuronaler Netze", Addison-Wesley, Bonn, München, Reading, Mass. u.a. 1994, S. 106 ff., S. 385 ff.

Zell, A.; Mamier, G.; Vogt, M. u.a. „SNNS Stuttgart Neural Network Simulator - User Manual, Version 4.1 (06/1995)", http://www.informatik.uni-stuttgart.de/ipvr/bv/projekte/snns /UserManual/UserManual.html, Abruf am 15.07.2000.

# Kapitel 5:

# Verbundkäufe in Warenkorbdaten

Dipl.-Wirtsch.-Inf. Peter Schwarz

SAP AG

Neurottstraße 16

69190 Walldorf

# Inhaltsverzeichnis

# Problemstellung

Der Begriff Knowledge Discovery in Databases (KDD) umfasst den vollständigen Prozess des Entdeckens interessanter Zusammenhänge in Form von Mustern in großen Datenbeständen. Dieser Prozess ist typischerweise iterativer und interaktiver Natur und beinhaltet, neben der Datenaufbereitung und der Interpretation der gefundenen Muster, das wiederholte Anwenden unterschiedlicher Data Mining-Methoden. Dabei bestimmt die zugrundeliegende Aufgabe die Wahl der anzuwendenden Methode.

Im Zuge der Warenkorbanalyse spielen Algorithmen zur Generierung von Assoziationsregeln (AR) als Methode des KDD seit 1993 eine bedeutsame Rolle. Der Bedarf für AR-Algorithmen resultiert aus der Einführung der Scanner-Technologie an den Kassen der Supermarktfilialen. Dadurch wurde es möglich, anhand der Bondaten täglich Millionen von Einkaufsvorgängen artikelgenau festzuhalten. Die Analyse dieser Daten kann Rückschlüsse auf das Kaufverhalten und die Präferenzen der Kunden liefern. Daraus lassen sich z.B. Konsequenzen für die Ladengestaltung (Anordnung von Waren), den Personaleinsatz oder die Sortimentspolitik einer Handelskette ableiten. Die aus den Scannerdaten abgeleiteten Kundenprofile können darüber hinaus aber auch für zielgerichtete Marketingaktionen genutzt werden.

Zielsetzung der vorliegenden Arbeit ist die Vorstellung einer Methode bzw. eines Algorithmus zum Auffinden von Assoziationsregeln innerhalb artikelgenauer Kassendaten. Die gefundenen Regeln können als Verbundeffekte oder Käufe von Artikeln interpretiert werden, die eine Aussage darüber zulassen, welche Waren bei einem Einkaufsvorgang signifikant gemeinsam (im Verbund) von Kunden erworben werden. Hierzu wurde ein Prototyp auf Basis des Apriori-Algorithmus (siehe 2.3) entworfen, der in der Lage ist, in einem Datenbestand von mehreren Millionen Datensätzen entsprechende Muster zu erkennen. Im Mittelpunkt der hier vorgestellten Entwicklung stehen Hinweise und wichtige Aspekte, die bei der Umsetzung des abstrakten Algorithmus in eine konkrete, lauffähige Implementierung zu berücksichtigen sind.

# 2 Beschreibung des verwendeten Algorithmus

## 2.1 Formale Beschreibung des Problems

Um den verwendeten Algorithmus vorzustellen, werden zunächst einige Begriffe definiert und die Problemstellung als formales Modell dargestellt.

Sei $I = \{I_1,..,I_m\}$ eine Menge von binären Attributen, die *Artikel* (Item) genannt werden. Weiterhin sei $T$ eine Datenbanktabelle mit *Transaktionen*, wobei jede Transaktion $t \in T$ als binärer Vektor repräsentiert wird. Hierbei ist $t[k] = 1$, falls der Artikel $I_k$ bei der Transaktion $t$ gekauft wurde und $t[k] = 0$, falls der Artikel nicht gekauft wurde. Die Datenbanktabelle $D$ enthält für jede Transaktion einen solchen Vektor. $X$ sei eine Menge von Artikeln aus $I$. Eine Transaktion $t$ *erfüllt* $X$, wenn für alle Artikel $I_k$ aus $X$ gilt: $t[k] = 1$.

Eine *Assoziationsregel* ist eine Implikation der Form $X \Rightarrow I_j$, wobei $I_j$ ein Artikel aus $I$ ist, der nicht in $X$ vorkommt. $I_j$ bezeichnet man als *Konsequenz* der Assoziationsregel. Eine Artikelmenge $X$ hat den *Support* (Unterstützung) $s$, wenn $s\%$ aller Transaktionen die Artikelmenge $X$ erfüllen. Einer Assoziationsregel $X \Rightarrow I_j$ wird der *Support* $s$ zugeordnet, wenn die Menge $X \cup I_j$ den *Support* $s$ hat. Als Kurzschreibweise für diese *Supportfunktionen* wird $s(X)$ bzw. $s(X \Rightarrow I_j)$ gewählt. Ein weiteres Maß für eine Assoziationsregel ist die *Konfidenz c*. Eine Regel $X \Rightarrow I_j$ besitzt die *Konfidenz c*, wenn $c\%$ aller Transaktionen in $T$, die $X$ erfüllen, ebenso $I_j$ erfüllen.

Ausgehend von dem Begriff *Support* werden die Begriffe Large-Itemset und Kandidatenmenge definiert. Eine Large-Itemset der Ordnung $k$ (kurz: $L_k$) zu einem vorgegebenen *Support* $s_{\min}$ ist eine Menge, die Mengen von Artikel $X_i$ mit der Kardinalität $k$ enthält, für die gilt: $s(X_i) \geq s_{\min}$. Die exakte Kurzschreibweise ist: $L_k := \{ X_i \subseteq I; \mid X_i \models k \wedge s(X_i) \geq s_{\min} \}$. Eine Kandidatenmenge (Candidate-Itemset) der Ordnung $k$ (kurz: $C_k$) ist eine Obermenge von $L_k$, für die keine Einschränkung bezüglich des *Supports* besteht. Sie dient als Grundlage für die Bildung der dazugehörigen Large-Itemset $L_k$. Die Bedeutung einer Large-Itemset und Kandidatenmenge wird bei der Beschreibung des Algorithmus deutlich.

## 2.2 Aufbau des Algorithmus

Der verwendete Algorithmus wurde 1994 von Agrawal und Srikant veröffentlicht und stellt eine Verbesserung früherer Algorithmen dar, die bei der Bearbeitung von sehr großen Datenbeständen zu langsam sind. Der Algorithmus ist in zwei grundlegende Schritte aufgeteilt. Im ersten Schritt werden alle Large-Itemsets $L_k$ beliebiger Ordnung $k$ zu vorgegebenem *Support* $s_{\min}$ ermittelt. Ausgehend von diesen Large-Itemsets werden im zweiten Schritt unter Vorgabe einer *Konfidenz* $c_{\min}$ die gültigen Assoziationsregeln gefunden. Die Suche nach den Large-Itemsets $L_k$ übernimmt ein eigener Algorithmus, der *Apriori* genannt wird. Der anschließende Schritt zur Bestimmung der Assoziationsregeln trägt keinen besonderen Namen und wird im Folgenden mit *Assoziationsregelfindung* bezeichnet.

1. Apriori Algorithmus: Vorgabe des minimalen *Support* $s_{\min}$. Bestimmung der Large-Itemsets $L_k$ für $k = 1...n$. Für alle $X \in L_k$ gilt $s(X) \geq s_{\min}$.

2. Assoziationsegelfindung: Vorgabe der minimalen *Konfidenz* $c_{\min}$; Bestimmung aller Assoziationsregeln $X \Rightarrow I_j$ innerhalb aller Large-Itemsets $L_k$, für die gilt $c(X \Rightarrow I_j) > c_{\min}$

Die Funktionsweise der beiden Schritte wird in den folgenden Abschnitten detailliert beschrieben.

## 2.3     Der Apriori Algorithmus

In der folgenden Ablaufvorschrift wird die Bildung der Large-Itemsets durch den Algorithmus Apriori beschrieben.

1. $L_1 = \{\{I_j\} \mid s(\{I_j\}) \geq s_{\min}\}$

   /* { Menge aller Artikel, die mindestens $s_{\min}$ in $T$ vorkommen }

2. $k := 2$

3. **Solange** gilt: $L_{k-1} \neq \varnothing$ **tue** {

4.      $C_k :=$ apriori-gen($L_{k-1}$)

5.      **für alle** Transaktionen $t$ aus $T$ **tue**

6.          **für alle** Artikelmengen $c \in C_k$ die in $t$ enthalten sind

7.              **tue** $c.count = c.count + 1$

8.      $L_k := \{c \in C_k \mid c.count \geq s_{\min}\}$

9.      $k := k + 1$

10. } Ende **Solange**

Im ersten Schritt werden alle Artikel bestimmt, die den minimalen *Support* $s_{\min}$ erfüllen. Hierzu ist ein Lauf über alle Transaktionen notwendig, der für jeden Artikel die Häufigkeit bestimmt. Anschließend streicht man alle Artikel $I_j$, für die gilt: $s(\{I_j\}) < s_{\min}$. Anschließend startet eine Schleife (Zeile 3-10), die solange für alle $k = 2..n$ die Large-Itemsets $L_k$ bestimmt, bis keine weiteren gefunden werden können. Zu Anfang der Schleife wird die sog. Kandidatenmenge $C_k$ mit Hilfe der Funktion **apriori-gen** gebildet. Diese Funktion bildet auf Grundlage der im vorherigen Lauf ermittelten Large-Itemset $L_{k-1}$ eine Kandidatenmenge, die aus Artikelmengen mit potentiell hohem *Support* besteht. In welcher Weise die Funktion **apriori-gen** die Kandidatenmenge bildet, wird weiter unten erläutert. Um den

*Support* der Artikelmengen innerhalb einer Kandidatenmenge $C_k$ bestimmen zu können, ist ein kompletter Lauf über alle Transaktionen notwendig. Für jede Transaktion werden die Artikelmengen der $C_k$ überprüft. Hier muss möglichst effektiv für alle Artikelmengen aus $C_k$ getestet werden, ob sie als Teilmenge der momentanen Transaktion $t$ auftreten (Zeile 6). Falls eine Artikelmenge in $t$ auftritt, so wird deren Zähler zur Bestimmung des *Supports* erhöht (Zeile 7). Wenn der Lauf über alle Transaktionen abgeschlossen ist, wird die Large-Itemset $L_k$ aus allen Artikelmengen der $C_k$ gebildet, die den minimalen *Support* $s_{\min}$ erfüllen (Zeile 8). Falls $L_k$ nicht leer ist, startet die Schleife mit erhöhten $k$ erneut. Für jedes $k$ ist ein kompletter Lauf über alle Transaktionen notwendig, d.h. die zugrunde liegende Datenbanktabelle $D$ wird sequentiell komplett durchlaufen.

Die Funktion **apriori-gen** hat als Argument die Menge aller $(k-1)$-elementigen Artikelmengen ($L_{k-1}$) mit großem *Support* und generiert die Menge $C_k$ von $k$-elementigen Kandidaten. Dabei nutzt sie die Eigenschaft $X \subseteq Y \Rightarrow s(X) \geq s(Y)$ der *Supportfunktion*, um $C_k$ möglichst klein zu machen. Die Eigenschaft sagt lediglich aus, dass der *Support* einer Teilmenge $X$ nicht kleiner sein kann, als der *Support* ihrer Obermenge $Y$. Die Funktion **apriori-gen** bildet $C_k$ zunächst als *Natural-Join* von $L_{k-1}$ mit sich selbst über die ersten $k-2$ Elemente. Dann werden diejenigen Kandidaten aus $C_k$ in einem sog. *Prune-Step* wieder entfernt, die $(k-1)$-elementige Teilmengen enthalten, die nicht in $L_{k-1}$ liegen. Es wird davon ausgegangen, dass die Artikel in den Artikelmengen sortiert angeordnet sind, obwohl eine Anordnung im strengen mathematischen Sinne innerhalb einer Menge nicht definiert ist. Durch die Beschreibung der Mengen $X \subseteq I$ als Vektoren $t \in T$ einer Transaktionstabelle kann dies jedoch formal erreicht werden. Die Beschreibung der Erzeugung der Menge $C_k$ erfolgt über die Angabe von Tabellenoperationen in SQL-Syntax:

Funktion **apriori-gen**:

1. /* Füllen der Kandidatenmenge mit insert aus select-Ergebnis */

2. **insert into** $C_k$

3.     **select** $p.i_1, p.i_2, ..,p.i_{k-1}, q.i_{k-1}$

4.     **from** $L_{k-1}\ p$, $L_{k-1}\ q$

5.     **where** $p.i_1{=}q.i_1$, ..., $p.i_{k-2}{=}q.i_{k-2}, p.i_{k-1}{<}q.i_{k-1}$

6. /* Prune-Step */

7. **für alle** $c \in C_k$ **tue**

8.     **für alle** $(k-1)$-Teilmengen $d \subset c$ **tue**

9.         wenn $(d \notin L_{k-1})$ gilt, dann lösche $c$ aus $C_k$

In Zeile 4 werden die Variablen $p$ und $q$ für die Benennung der linken und rechten Seite des Natural-Join eingeführt, um die Where-Klausel beschreiben zu können. Ein kleines Beispiel soll an dieser Stelle die Funktion **apriori-gen** veranschaulichen.

$k=4$, Eingabe $L_3$

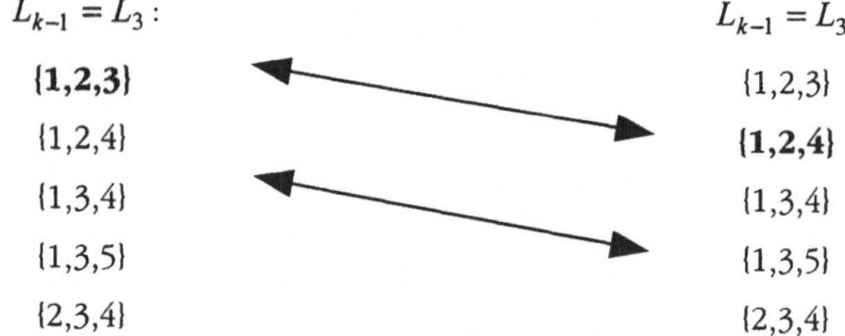

| $L_{k-1} = L_3$ : | | $L_{k-1} = L_3$ : |
|---|---|---|
| **{1,2,3}** | | {1,2,3} |
| {1,2,4} | | **{1,2,4}** |
| {1,3,4} | | {1,3,4} |
| {1,3,5} | | {1,3,5} |
| {2,3,4} | | {2,3,4} |

Zwischenergebnis nach

Natural-Join

$C_4 = \{\{1,2,3,4\}, \{1,3,4,5\}\}$

Prune Step:

weil $\{1,4,5\} \notin L_3$ streichen von $\{1,3,4,5\}$

$C_4 = \{\{1,2,3,4\}\}$

Im ersten Schritt werden die beiden Mengen $\{1,2,3,4\}$ und $\{1,3,4,5\}$ in $C_4$ geschrieben. Da $\{1,4,5\}$ nicht in $L_3$ vorkommt, wird die Menge im Prune-Step $\{1,3,4,5\}$ gestrichen. Diese Menge wird nicht zugelassen, weil die Teilmenge $\{1,4,5\}$ keinen großen *Support* besitzt und somit jede Obermenge ebenso keinen großen *Support* besitzen kann. Im Prune-Step werden somit einige Kandidaten aus $C_k$ aus der Erkenntnis des vorherigen Schritts ($L_{k-1}$) eliminiert. Daher auch der Name des Algorithmus: **a priori** [*lat.*; „vom Früheren her"]: von der Erfahrung abhängig, durch logisches Schließen gewonnene Erkenntnis.

## 2.4 Assoziationsregelfindung

Der im Folgenden vorgestellte Algorithmus findet für jede Artikelmenge $l$ aus den Large-Itemsets $L_k$ die zugehörigen Assoziationsregeln mit der *Konfidenz* $c$, für die gilt: $c \geq c_{\min}$. Der von Agrawal und Srikant beschriebene Algorithmus ist konzipiert, um Assoziationsregeln der allgemeinen Form $X \Rightarrow Y$ zu bestimmen, wobei $Y$ eine Artikelmenge ist, die aus mehr als einem Artikel bestehen kann. In dieser Arbeit wird lediglich eine Vereinfachung des Algorithmus vorgestellt, bei dem Assoziationsregeln der Form $X \Rightarrow I_j$ bestimmt werden, wobei $I_j$ ein einzelner Artikel ist.

Zunächst wird zu jeder Artikelmenge $l \in L_k$ $(k = 1..n)$ eine Zerlegung in ein-elementige Mengen gebildet. Jede dieser Mengen $I_j = \{j\}$ wird als Konsequenz der Regel $(l - \{j\}) \Rightarrow \{j\}$ angenommen. Anschließend überprüft man die *Konfidenz* $c$ der Regel und gibt sie aus, falls ihre *Konfidenz* größer oder gleich der minimalen *Konfidenz* $c_{\min}$ ist. Der Algorithmus wird mit der folgenden Ablaufvorschrift beschrieben:

1. **für alle** $l \in L_k$ , $k = 1...n$ **tue** {

2.     **für alle** $I_j = \{j\} \in l$ **tue**

3.         $c = s(l) \big/ s(l - \{i\})$

4.         **falls** $c \geq c_{\min}$, dann gebe die Regel $(l - \{j\}) \Rightarrow \{j\}$
   mit
   Konfidenz $c$ und Support $s(l)$ aus

5. } Ende

Die Berechnung der *Konfidenz* der Mengen $l$ und $(l - \{j\})$ in Zeile 3 greift auf den *Support* $s$ der Mengen aus $L_k$ bzw. $L_{k-1}$ zurück. Die *Konfidenz* einer Assoziationsregel wird mit Hilfe der folgenden Eigenschaft berechnet: Sei $X \Rightarrow Y$ eine Assoziationsregel; dann gilt für die *Konfidenz* dieser Assoziationsregel:

$$c(X \Rightarrow Y) = \frac{s(X \cup Y)}{s(X)}.$$ Bei der Bildung der Regeln ist somit kein

Zugriff auf die Datenbanktabelle $D$ notwendig, da lediglich die Large-Itemsets $L_k$ verarbeitet werden müssen.

## 2.5   Laufzeitbetrachtung und Ressourcennutzung

In der Beschreibung des Algorithmus Apriori wurde darauf hingewiesen, dass für die Auffindung der Large-Itemsets $L_k$ für jedes $k$ ein kompletter Lauf über alle Transaktionen und somit über die gesamte Datenbanktabelle $D$ notwendig ist. Der Algorithmus ist deshalb auf einen schnellen Datenbankzugriff angewiesen. Bei jedem Lauf über die Datenbank muss eine Transaktion erneut bearbeitet werden, wobei jede $k$-elementige Teilmenge der Transaktion dahingehend überprüft wird, ob sie in der Kandidatenmenge $C_k$ vorkommt. Der schnelle Zugriff auf Artikelmengen innerhalb der Kandidatenmenge ist neben dem Datenbankzugriff von zentraler Bedeutung. Im formalen Konzept des Algorithmus wird davon ausgegangen, dass die Kandidatenmengen in sog. Hash-Tabellen gespeichert werden, damit der Zugriff unabhängig von der Größe der Kandidatenmenge in konstanter Zeit erfolgen kann. Ein weiteres Problemfeld stellt die Größe der Kandidatenmengen $C_k$ dar. Während eines Laufs über die Datenbanktabelle, bei dem der *Support* der Artikelmengen in der momentanen Kandidatenmenge berechnet wird, muss sich die gesamte Kandidatenmenge im Hauptspeicher befinden. Falls dies nicht realisierbar ist, kann eine Aufspaltung der Kandidatenmenge in große Teilmengen erfolgen, für die jeweils ein kompletter Lauf über die Datenbank notwendig ist.

Eine Variante, bei der die Anzahl erforderlicher Datenbankzugriffe verringert wird, stellt der Algorithmus *AprioriTid* dar. Dieser durchsucht nicht bei jedem Schleifendurchlauf die gesamte Datenbank, sondern führt relevante Teilmengen der Transaktionen in einer Menge $\overline{C}_k$ mit. Ein Element dieser Menge hat die Gestalt $[TID, \{X_k\}]$, wobei jedes $X_k$ eine in der Transaktion *TID* vorkommende $k$-elementige Artikelmenge mit potentiell großem *Support* ist. $\overline{C}_1$ stellt die gesamte Datenbank dar, während zunächst bei größer werdendem $k$ die Menge $\overline{C}_k$ größer als die Datenbank ist, da alle $k$-elementigen Teilmengen einer Transaktion separat abgespeichert sind. Mit weiter ansteigendem $k$ verringert sich die Größe von $\overline{C}_k$, da nur noch Transaktionen betrachtet werden, die $k$-elementige Teilmengen mit großen *Support* enthalten. Problematisch gestalten sich aus diesem Grund die ersten Schleifendurchläufe von AprioriTid, die einen enormen Speicheraufwand benötigen. Apriori und AprioriTid sind insgesamt etwa gleich schnell. Ein aus beiden zusammengesetzter Hybridalgorithmus *AprioriHybrid*, der die jeweiligen Zeitvorteile ausnutzt und bei einem bestimmten Zeitpunkt von Apriori auf AprioriTid umschaltet, besitzt eine bessere Laufzeit.

# 3 Wichtige Aspekte bei der Implementierung

## 3.1 Entwicklung eines Prototyps

Wie eingangs schon erwähnt, wurde ein Prototyp entwickelt, der auf Basis einer Datenbanktabelle, in der artikelgenaue Kassendaten abgespeichert sind, Artikelmengen und daraus Assoziationsregeln generiert. Dabei werden aus Praxisgründen lediglich Atikelmengen bis zur Kardinalität *k=3* bestimmt, um die Laufzeit einer Analyse gering zu halten. Außerdem wird die betriebswirtschaftliche Aussagekraft von 3er-Kombinationen als ausreichend betrachtet, so dass ein weiterer kompletter Lauf über die zugrundeliegenden Daten nicht gerechtfertigt wäre.

Die zu analysierende Datenbasis stellt eine Datenbanktabelle dar, wobei jede Zeile der Tabelle die für den Prototyp relevanten Felder *Bonnummer* und *Artikelnummer* enthält. Dadurch ist die eindeutige Zuordnung eines Artikels zu einer eindeutigen Bonnummer gewährleistet.

Die folgenden Abschnitte beschreiben wichtige Aspekte der Implementierung des Prototyps, wobei bewusst nicht auf die verwendete Programmiersprache oder das Entwicklungssystem eingegangen wird.

## 3.2 Bildung der Large-Itemset

Die Bildung der Large-Itemset bildet den Kern des Prototyps. Hier wird für jedes $k = 1...3$ die zugrundeliegende Datenbasis sequentiell gelesen und jede Transaktion bearbeitet, so dass die jeweilige Large-Itemset $L_k$ sukzessive aufgebaut werden kann. Das folgende Flussdiagramm zeigt den Ablauf für die Bildung der Large-Itemset $L_k$ für $k = 1...3$.

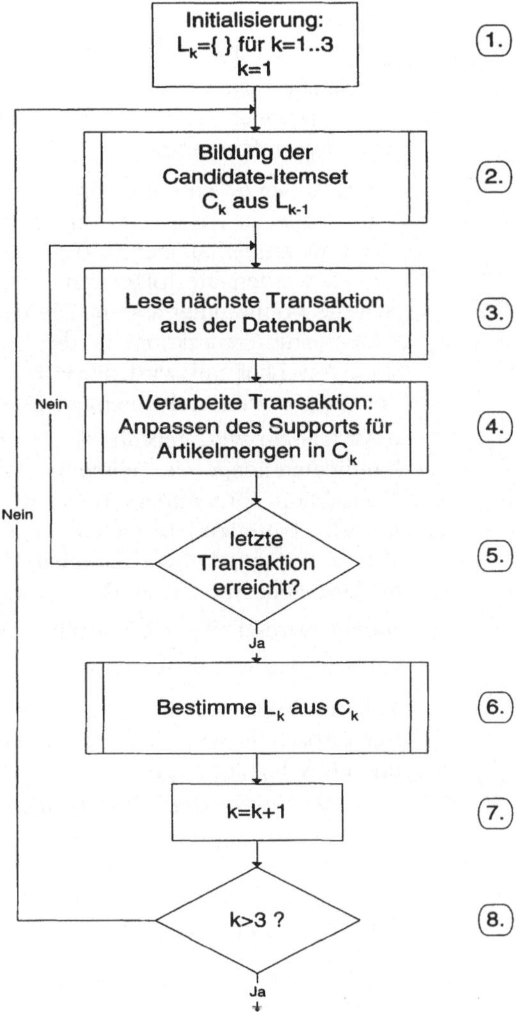


Abb. 1: Aufbau der Large-Itemsets

Nach der Initialisierung (1.) startet die äußere Schleife, die insgesamt dreimal durchlaufen wird. Zu Anfang jedes Schleifendurchlaufs wird die Kandidatenmenge $C_k$ auf Grundlage der im $(k-1)$-ten Durchlauf aufgebauten Large-Itemset $L_{k-1}$ gebildet (2.). Dieser Schritt beinhaltet die Umsetzung der Funktion **apriori-gen**, die zuvor eingehend beschrieben wurde. Im ersten

Schritt ($k = 1$) besteht die Kandidatenmenge $C_1$ aus allen Artikeln, so dass ihre Bildung während der Verarbeitung der Transaktionen erfolgen kann. Enthält eine Transaktion einen Artikel, der bisher noch nicht aufgetreten ist, so wird er in die Kandidatenmenge aufgenommen.

Um sukzessive Transaktionen aus der zugrundeliegenden Datenbanktabelle zu lesen (3.), wird sortiert auf die Felder Bonnummer und Artikelnummer zugegriffen. Ausgehend vom ersten Datensatz werden die folgenden Datensätze so lange gelesen, bis sich die Bonnummer ändert. Die bis dahin gelesenen Datensätze bilden eine Transaktion, in der die Artikel sortiert angeordnet sind. Anschließend wird diese Transaktion verarbeitet (4.), d.h. der *Support* der Artikelmengen in $C_k$ wird entsprechend angepasst. Hierzu wird geprüft, ob bestimmte Artikelmengen aus der Kandidatenmenge als Teilmenge in der momentan bearbeiteten Transaktion vorkommen. Wenn dies der Fall ist, wird der *Support* der betreffenden Artikelmenge erhöht. Dies muss für jede Transaktion geschehen. Nachdem die letzte Transaktion der Datenbasis abgearbeitet wurde (5.), kann die Large-Itemset $L_k$ bestimmt werden (6.). Sie entsteht aus $C_k$, nachdem alle Mengen gelöscht wurden, die einen zu geringen *Support* besitzen.

Anhand dieser Beschreibung sowie der Abhandlungen im vorherigen Abschnitt wird deutlich, dass effiziente Mengenoperationen und ein schneller Zugriff auf die Kandidatenmenge $C_k$ von zentraler Bedeutung sind. Die Realisierung von Mengen sowie die Implementierung der Teilmengenprüfung werden in den folgenden Abschnitten vorgestellt.

## 3.3   Darstellung von Mengen

Die Kandidatenmengen und die Large-Itemsets sind Mengen, deren Elemente selbst Mengen (Artikelmengen) darstellen. Da im Voraus nicht bekannt ist, wie viele Artikelmengen zur Laufzeit gebildet werden, ist zu ihrer Darstellung eine dynamische Datenstruktur erforderlich. Dies wird mit Hilfe eines selbst definierten Datentyps erreicht, der dem Aufbau einer relationalen Datenbanktabelle ähnelt, wobei jede Zeile dieser Tabelle einen bestimmten Datensatz aufnehmen kann. Zur Laufzeit kann eine solche Tabelle mit einer unbestimmten Anzahl von Zeilen bzw. Datensätzen gefüllt werden. Da nur Artikelmengen der Kardinalität $k = 3$ untersucht werden, definiert man für jede Kardinalität einen eigenen Tabellentyp. Dieser ist für Artikelmengen der Kardinalität $k = 3$ in Tabelle 1 dargestellt.

| Item1 | Item2 | Item3 | sup_a | sup_r |
|-------|-------|-------|-------|-------|
| Chips | Weizenbier | Cola | 580 | 0,024 |
| Windeln | Zahnpasta | Klopapier | 240 | 0,012 |
| .... | .... | .... | .... | .... |

Tab. 1: Interne Tabelle zu Artikelmengen der Kardinalität $k = 3$
(tab_l3)

Jede Zeile repräsentiert eine Artikelmenge, die zusätzlich mit den Werten des relativen und absoluten *Supports* (sup_r bzw. sup_a) versehen ist. Eine Tabelle zur Kardinalität $k$ steht sowohl für die Kandidatenmenge $C_k$, als auch für die Large-Itemset $L_k$.

Für die Large-Itemsets sind keine eigenen Tabellen notwendig, da sie durch das Streichen von Zeilen mit geringem Support aus den Kandidatenmengen gebildet werden. Die Verwendung des absoluten Supports ist notwendig, um das Vorkommen einer Artikelmenge während des Laufs über die Datenbasis sukzessive zu inkrementieren. Sobald die Datenbasis durchlaufen ist, wird der relative Support berechnet, indem der absolute Support durch die Anzahl der untersuchten Kassenbons dividiert wird.

Alternativ wäre bei der Umsetzung einer Menge mit Hilfe einer Tabelle eine allgemeinere Lösung möglich gewesen, bei der Artikelmengen beliebiger Kardinalität realisiert werden können. Hierzu würde jedes Element einer Artikelmenge in einer separaten Zeile gespeichert, wobei eine Zuordnung eines Elements zu einer Artikelmenge mittels einer Mengen-ID vorgenommen wird. Erfolgt ein Zugriff auf eine Menge, so müssen die einzelnen Elemente erst aus mehreren Zeilen gelesen werden und sind im Gegensatz zur oben vorgestellten Lösung nicht direkt aus einer Zeile ableitbar. Diese Vorgehensweise ist für einen sehr schnellen Zugriff auf viele Mengen nicht geeignet und würde zu einer sehr schlechten Laufzeit führen. Außerdem könnte man den *Support* einer Menge in dieser Tabelle nicht abspeichern, sondern müsste eine zweite Tabelle einführen, die einer Mengen-ID den passenden Support zuordnet.

Die Speicherung der momentan gelesenen Transaktion wird in einer tabellenähnlichen Datenstruktur gespeichert (Name: tab_t). Die Tabelle tab_t besteht lediglich aus einer Spalte, in der alle Artikel zeilenweise gespeichert sind, so dass die Kardinalität einer Transaktion beliebig groß werden kann. Diese Struktur muss gewählt werden, da im Voraus nicht bekannt ist, wie viele Artikel eine Transaktion enthält.

## 3.4 Überprüfung der Teilmengeneigenschaft

Bei der Bearbeitung einer Transaktion im $k$-ten Schritt geht es darum, $k$-elementige Teilmengen zu bilden und zu prüfen, ob sie in der Kandidatenmenge $C_k$ vorkommen. Besitzt eine Transaktion $n$ Artikel, so existieren $\binom{n}{k} = \dfrac{n!}{(n-k)!\,k!}$ verschiedene Teilmengen der Kardinalität $k$. Bei einer aus 20 bzw. 40 Artikeln bestehenden Transaktion existieren demnach 1.140 bzw. 9.880 verschiedene Artikelmengen der Kardinalität drei.

Um eine Bildung aller Teilmengen zu vermeiden, werden nicht alle möglichen Teilmengen der Transaktion auf ihr Vorkommen in der Kandidatenmenge geprüft. Stattdessen werden mögliche Artikelmengen aus der Kandidatenmenge dahingehend überprüft, ob sie Teilmengen der Transaktion bilden. Für jeden Artikel innerhalb der Transaktion erfolgt ein Zugriff auf die erste Artikelmenge der Kandidatenmenge, deren erstes Element mit dem ersten Artikel der Transaktion übereinstimmt. Falls die selektierte Artikelmenge eine Teilmenge der Transaktion darstellt, wird ihr *Support* erhöht. An diesem Punkt findet die konkrete Prüfung der Teilmengeneigenschaft statt. Damit diese effektiv durchgeführt werden kann, müssen die Artikel einer Transaktion (tab_t) sortiert angeordnet sein. Diese Überprüfung findet anschließend auch für alle nachfolgenden Artikelmengen statt, deren erstes Element mit dem ersten Artikel in tab_t übereinstimmt. Daraufhin wird dieser Vorgang für jeden weiteren Artikel aus tab_t durchgeführt.

Diese Vorgehensweise gestaltet sich als sehr ineffizient, falls nahezu alle Teilmengen einer Transaktion in der Kandidatenmenge enthalten sind. In diesem Fall erfolgen mehr Zugriffe auf die Kandidatenmenge als Teilmengen existieren, da sehr viele Artikelmengen gelesen werden, die keine Teilmenge der Transaktion darstellen. Hier wäre es sinnvoller, jede mögliche Teilmenge gegen die Kandidatenmenge zu prüfen. In zahlreichen Tests mit realen und künstlich erzeugten Daten hat sich jedoch gezeigt, dass die angewandte Methode effektiver ist, als die Bildung aller Teilmengen. Dies ist damit zu begründen, dass Kandidatenmengen ab einer Kardinalität von drei im Vergleich zur Anzahl aller möglichen Artikelkombinationen sehr klein sind, und somit eine Reihe möglicher Artikelkombinationen nicht berücksichtigt werden muss.

# 4 Ausblick

In der vorliegenden Arbeit wurden Verbundkäufe als Anwendung des Musters Assoziationsregel betrachtet. Im Bereich der Warenkorbanalyse sind jedoch auch andere Fragestellungen denkbar, die mit Hilfe der vorgestellten Methode beantwortet werden können. Während einer Aktionswoche eines Supermarktes können beispielsweise durch die Datenanreicherung jedes Kassenbons um einen sog. *virtuellen Artikel* „Aktion" Abhängigkeiten zwischen Verkaufsvorgängen während und außerhalb der entsprechenden Aktionswoche gefunden werden. Für den Algorithmus ist die Bedeutung eines virtuellen Artikels irrelevant, so dass Assoziationsregeln identifiziert werden, die eine zusätzliche Informationen liefern: Wenn die *Weihnachtsaktion* läuft und Gebäck gekauft wird, dann werden zu 60% auch Kerzen eingekauft. Ähnlich kann verfahren werden, wenn nicht alle Artikel bis ins Detail betrachtet werden sollen, sondern lediglich die Warengruppenzugehörigkeit bei bestimmten Waren von Interesse ist. Die entsprechend detaillierten Artikelinformationen auf den Kassenbons werden durch ihre Warengruppenzugehörigkeit ersetzt, wodurch aggregierte Muster entstehen können: 30% aller Kunden die Tiernahrung erwerben, kaufen auch in der Feinkostabteilung. Durch diese Technik der Datenanreicherung mit virtuellen Artikeln werden variantenreiche Analysetechniken ermöglicht, die sogar Muster mit Kundenmerkmalen berücksichtigen können, sofern einfache Informationen der Kunden an der Kasse vorhanden sind und diese in Form von virtuellen Artikeln mit in die zugrundeliegende Datenbasis aufgenommen werden: Männliche Kunden, die Windeln kaufen, erwerben in 30% aller Fälle auch Bier.

Weitere Anwendungsgebiete liegen im Bereich Banken, Versicherungen sowie der Qualitätssicherung im Produktionswesen. Hierbei versucht man, besonders häufig auftretende Kombinationen aus bestimmten konstruktiven Merkmalen und daraus resultierenden Schäden bzw. Produktionsfehlern zu entdecken.

Die aufgeführten Fragestellungen deuten an, dass in großen Datenbeständen der unterschiedlichsten Anwendungsgebiete vergleichbare Zusammenhänge existieren, die mit klassischen Analysemethoden nicht entdeckt werden können. Mit dem gezeigten Verfahren können in diesen Bereichen häufig auftretende Item-Mengen effizient aufgefunden werden.

# Literaturverzeichnis

Agrawal, R.; Imielinski, T.: „Mining Association Rules between Sets of Items" in: "Large Databases", in: Buneman, P.; Jajadia, S. (Hrsg.): „Proceedings of the ACM SIGMOD Conference on Management of Data", Washington D.C. 1993, S.207-216.

Agrawal, R.; Srikant, R.: „Fast Algorithm for Mining Association Rules", in: „Proceedings of the 20th International Conference on Very Large Databases (VLDB)", Santiago de Chile 1994, S. 487-499.

Agrawal, R.; Srikant, R.: „Mining Generalized Association Rules", in: „Proceedings of the 21st International Conference on Very Large Databases (VLDB)", Zürich 1995, S. 451-481.

Agrawal, R.; Srikant, R.: „Mining Quantitative Association Rules in Large Relational Tables", in: „Proceedings of the ACM SIGMOD Conference on Management of Data", Montreal 1996.

Mannila, H. et al.: „Efficient Algorithms for discovering Association Rules", in: *KDD-94: AAAI Workshop on Knowledge Discovery in Databases*", 1994.

# Kapitel 6:

# Kundensegmentierung aufgrund von Kassenbons – eine kombinierte Analyse mit Neuronalen Netzen und Clustering

Dipl.-Wirtschaftsmath. Ingo Saathoff

SAZ Database Intelligence GmbH

Gutenbergstr. 1

30823 Garbsen

# Inhaltsverzeichnis

# 1 Marktsegmentierung

Anhand der Verkaufsdaten eines SB-Warenhauses wird eine Segmentierung der Kunden mittels eines Neuronalen Netzes und einer herkömmlichen Clusteranalyse vorgenommen. Die beiden verwendeten Verfahrensvarianten werden vorgestellt und deren Vor- und Nachteile anhand des Beispiels aufgezeigt.

## 1.1 Begriff

Der Absatzmarkt, bestehend aus potentiellen und tatsächlichen Kunden, ist in der Regel keine homogene Einheit, in der sich alle Abnehmer ähnlich bzw. gleich verhalten. Sie unterscheiden sich hinsichtlich ihrer Bedürfnisse, Präferenzen und finanziellen Mittel (vgl. Nieschlag, R. et al. 1991).

Daher ist es sinnvoll, den Absatzmarkt in mehrere homogene Segmente zu unterteilen, um diese mit unterschiedlichen Marketingprogrammen zu bearbeiten.

Die Marktsegmentierung im engeren Sinn umfasst nur die Aufteilung des Gesamtmarktes. In einer ausführlicheren Definition umfasst die Marktsegmentierung außerdem noch die Bearbeitung der Segmente mit jeweils spezifischen Marketingprogrammen (vgl. Freter, H. 1992). In diesem weiteren Sinn beinhaltet die Marktsegmentierung also neben der Markterfassung auch die Marktbearbeitung.

Freter (1992) unterscheidet auf der Markterfassungsseite zwischen dem verhaltensorientierten Ansatz, in dessen Mittelpunkt Modelle des Käuferverhaltens stehen, und dem methodenorientierten Ansatz, der sich mit den Verfahren zur Identifizierung der Segmente beschäftigt. Auf der Marktbearbeitungsseite führt er den managementorientierten Ansatz an, der die verschiedenen segmentspezifischen Bearbeitungsstrategien umfasst.

Nachfolgende Betrachtungen beschränken sich weitestgehend auf die Markterfassungsseite und die Marktsegmentierung von Konsumgütermärkten. Auf die Besonderheiten der Segmentierung von Investitionsgütermärkten wird hier nicht eingegangen.

Die im Anschluss an die theoretischen Erläuterungen durchgeführte Segmentierung (vgl. Abschnitt 3) beschränkt sich ausschließlich auf die tatsächlichen Kunden als Teil des gesamten Marktes. Insofern entspricht das Vorgehen nicht der herkömmlichen Definition der Marktsegmentierung, die auch die potentiellen Kunden einschließt. Man sollte daher genauer von Kundensegmentierung sprechen.

Die gewonnenen Erkenntnisse eignen sich im Wesentlichen für Kundenbindungs- und Umsatzsteigerungsprogramme und nur sehr bedingt für die Erschließung von Neukundenpotentialen.

## 1.2 Gründe für Marktsegmentierung

Die Marktsegmentierung bringt eine Reihe von Vorteilen mit sich, von denen hier nur die wichtigsten angeführt werden (vgl. Nieschlag, R. et al. 1991 und Freter, H. 1992):

1. Marktidentifikation: Die Segmentierung führt zu einer besseren Kenntnis des Marktes (z.B. Größe der Teilmärkte, Kaufverhalten, Stärken und Schwächen der Konkurrenten usw.), aus der die folgenden Aspekte resultieren.

2. Die verbesserte Marktkenntnis erlaubt die Abgrenzung des relevanten Marktes. Dies bezieht sich sowohl auf den Gesamtmarkt als auch auf mögliche Teilmärkte sowie auf Marktnischen.

3. Zielgruppengerechte Ansprache der Kunden: Die Kunden in den verschiedenen Segmenten können entsprechend ihrer Bedürfnisse angesprochen werden.

4. Gezielterer Einsatz der Marketinginstrumente sowie eine effizientere Aufteilung des Marketingbudgets.

5. Verbesserte Positionierung von Neuprodukten und Marken, da die Zielgruppen durch die Segmentierung bekannt sind.

6. Die Erkennung von Veränderungen in der Segmentstruktur ermöglicht ein Eindringen in etablierte Märkte, wenn man diese neue Struktur früher als die Konkurrenten entdeckt (vgl. Kotler, P.; Bliemel, F. 1995).

## 1.3 Ablauf einer Segmentierungsstudie

Kotler und Bliemel (1995) geben ein aus drei Schritten bestehendes formelles Verfahren zur Segmentierung an.

1. Datenerhebung: Entwicklung eines Fragebogens auf der Basis von Interviews, die erste Erkenntnisse über die Verbrau-

cher vermitteln. Einsatz des Fragebogens bei einer Stichprobe von Verbrauchern, um die Datenbasis zu ermitteln.

2.  Einsatz multivariater Verfahren wie z.B. Faktorenanalyse (zur Variablenreduktion), Clusteranalyse usw., um die verschiedenen Segmente zu ermitteln.

3.  Profilerstellung: Beschreibung der ermittelten Segmente im Hinblick auf die in Phase 1 ermittelten Daten.

Veränderungen des Verhaltens, der Einstellungen und der demographischen Daten im Laufe der Zeit führen zu Veränderungen der Segmentstruktur, so dass das obige Verfahren von Zeit zu Zeit wiederholt werden muss.

## 1.4  Segmentierungskriterien

Nieschlag et al. (1991) schlagen vier Gruppen von Merkmalen vor, die als Grundlage der Segmentierung verwendet werden können.

1.  Biologische (z.B. Alter, Geschlecht), geographische (z.B. Region, Bevölkerungsdichte, Ortsgröße) und soziodemographische (z.B. Einkommen, Beruf, Ausbildung) Kriterien: Diese Kriterien werden häufig zur Segmentierung verwendet, weil Wünsche und Präferenzen oft mit diesen Variablen korrelieren. Außerdem lassen sich diese Merkmale relativ einfach erheben. Auch wenn die Segmentierung aufgrund von anderen Kriterien erfolgt, muss auf diese Kriterien zurückgegriffen werden, um die Größe und die Erreichbarkeit der Segmente zu ermitteln.

2.  Merkmale des beobachtbaren Kaufverhaltens: Dazu zählen z.B. das Preisverhalten, die Verbrauchsintensität, die Einkaufshäufigkeit und das Produktwahlverhalten (Markentreue/Markenwechsel, Käufer/Nichtkäufer einer bestimmten Produktart). Dieser Ansatz wird auch bei der Anwendung der Segmentierungsverfahren in dieser Arbeit verfolgt (vgl. Abschnitt 3). Ebenso wie die biologischen, geographischen und soziodemographischen Kriterien sind die Merkmale des beobachtbaren Kaufverhaltens nicht in der Lage, die Ursachen für das jeweilige Verhalten zu ermitteln.

3.  Psychographische Kriterien: Diese werden verwendet, da das Kaufverhalten nicht allein durch objektive Produkteigenschaften, sondern auch durch subjektive Wahrnehmungen beeinflusst wird. Freter (1992) unterscheidet zwischen allgemeinen Persönlichkeitsmerkmalen, zu denen u.a. der

Lebensstil, die soziale Orientierung, die Motivationsstruktur (z.B. ausgeprägtes Gesundheitsbewusstsein) oder die Risikobereitschaft zählt, und produktspezifischen Kriterien wie z.B. Wahrnehmungen, Einstellungen, Präferenzen, Kaufabsichten. Der Lebensstil lässt sich durch bestimmte Handlungsweisen, Ziele und Interessen der jeweils zugehörigen Personen kennzeichnen.

4. Man kann mit den bisherigen Kriterien zwar Segmente bilden, es ist aber nicht klar, wie diese angesprochen werden können. Daher schlagen Nieschlag et al. (1991) eine weitere Gruppe von Segmentierungsmerkmalen vor, die sie mit Ansprachemöglichkeiten der Zielgruppen umschreiben. Dazu zählen vor allem die Mediennutzung, das Qualitäts- und Preisbewusstsein sowie das Vertrauen zu bestimmten Betriebsformen des Handels.

## 1.5 Segmentierungsvoraussetzungen

Bevor eine Marktsegmentierung durchgeführt wird, muss die Sinnhaftigkeit eines solchen Vorgehens überprüft werden. Eine wichtige Voraussetzung ist die Unterscheidbarkeit der Segmente im Hinblick auf das Nachfrageverhalten. Segmente, zwischen denen keine nachfragerelevanten Unterschiede bestehen, können besonders dann entstehen, wenn die Segmente ohne Kaufverhaltensmerkmale gebildet werden.

Zweite wichtige Voraussetzung ist die Wirtschaftlichkeit einer Marktsegmentierung. Es muss überprüft werden, ob die finanziellen Mehrbelastungen für Marktforschung und daran anschließende differenzierte Marktbearbeitung (z.B. erhöhte Werbe- und Verwaltungsausgaben) durch den zusätzlichen Nutzen ausgeglichen werden können (vgl. Nieschlag, R. et al. 1991).

In diesem Zusammenhang spielt auch die Größe der Segmente eine Rolle. Sie müssen so groß sein, dass sich eine Bearbeitung mit eigenen Marketingprogrammen lohnt.

Außerdem muss berücksichtigt werden, dass man bei Bearbeitung einzelner kleinerer Segmente schnell das Image eines Nischenspezialisten erlangt, was unter Umständen nicht erwünscht ist.

# 2    Methodische Grundlagen

## 2.1    Kohonen Netzwerke – Selbstorganisierende Karten

Die Kohonen Netzwerke, auch selbstorganisierende Karten genannt, stellen eine spezielle Architektur künstlicher Neuronaler Netze dar.

Neuronale Netze sind informationsverarbeitende Strukturen, die dem Aufbau des menschlichen Gehirns nachempfunden wurden. Sie bestehen aus einer großen Zahl von hochgradig miteinander verbundenen Elementen, den sog. Neuronen. Zwischen den Neuronen gibt es Verbindungen bzw. Verbindungsgewichte, in denen die Informationen gespeichert sind. Die Neuronen reagieren dynamisch auf einen Inputstimulus, der durch die eingehenden Verbindungen und die zugehörigen Verbindungsgewichte mittels einer Inputfunktion erzeugt wird. Die Reaktion eines Neurons wird durch die sog. Aktivierungsfunktion bestimmt.

Gewöhnlich besteht ein künstliches Neuronales Netzwerk aus einer Inputschicht, die nur zum weiterleiten des Inputs dient, einer verborgenen Schicht, die wiederum aus mehreren Schichten bestehen kann und einer Outputschicht. Jede Schicht kann je nach Architektur aus einem oder mehreren Neuronen bestehen.

Durch Anpassung der Verbindungsgewichte ist ein solches Netz in der Lage, ausgehend von Trainingsdaten zu lernen, wieder zu erkennen und zu generalisieren. Eine ausführliche Darstellung von Trainings- bzw. Lernregeln findet man z.B. bei Lin und Lee (1996).

Grundsätzlich unterscheidet man zwischen überwachtem und nicht-überwachtem Lernen. Beim überwachten Lernen liegt ein Trainingsdatensatz einschließlich der gewünschten Ergebnisse vor. Das Netz soll dann den gegebenen Zusammenhang lernen.

Beim nicht-überwachten Lernen gibt es keine gewünschte Ausgabe. Netzwerke mit dieser Lernmethode, zu denen auch die selbstorganisierenden Karten von Kohonen gehören, werden hauptsächlich zur Clusterbildung oder Prognose verwendet.

Für die Clusteranalyse auf Basis Neuronaler Netze werden typischerweise Neuronale Netze mit zwei Schichten verwendet (vgl. Nauck, D. et al. 1994).

Die Zahl der Neuronen $n$ in der Eingabeschicht entspricht der Dimension der Eingabedaten, hier also der Zahl der vorhandenen Verkaufsmerkmale, wie z.B. Umsatz pro Kassenbon oder Umsatzanteile in verschiedenen Warengruppen.

Die Zahl der Neuronen $m$ in der Ausgabe- bzw. „Wettbewerbsschicht" entspricht der gewünschten Clusterzahl.

Die Anpassung der Gewichte erfolgt mittels des sog. Wettbewerbslernens.

Sei $W_i = (w_{i1},...,w_{in})'$ der Gewichtsvektor zu Neuron $i$. Er enthält die Gewichte aller Verbindungen zu Neuron $i$. Ein Eingabemuster (Datenvektor) $X \in \Re^n$ wird mit jedem der Gewichtsvektoren der Neuronen der Ausgabeschicht verglichen. Der Index des Siegerneurons, dessen Gewichtsvektor die größte Übereinstimmung mit dem Eingabemuster aufweist wird mittels

$$\left\| X - W_c \right\|_2 = \min_{i=1}^{m} \left\| X - W_i \right\|_2$$

bestimmt. Sein Gewichtsvektor wird dann in Richtung des Eingabemusters angepasst, d.h.

$$W_i^{neu} = W_i^{alt} + \sigma\, \Delta W_i$$

mit der Lernrate $0 < \sigma < 1$, die festlegt, wie stark der Gewichtsanteil des Siegerneurons angepasst wird und

$$\Delta W_i = \begin{cases} X - W_i^{alt}, & \textit{falls } i = c \\ 0, & \textit{falls } i \neq c. \end{cases}$$

Das Wettbewerbslernen ist auch das Grundprinzip der selbstorganisierenden Karten. Das Ziel dabei ist die komprimierte Darstellung von Daten, ohne dass dabei die Beziehungen zwischen den einzelnen Datensätzen verloren gehen.

Die Neuronen der Wettbewerbsschicht (Ausgabeschicht) werden dabei in Form eines Hyperquaders angeordnet. Im zweidimensionalen Fall bietet sich eine rechteckige oder sechseckige Anordnung auf einem rechteckigen Feld an.

Neben dem Gewichtsvektor des Siegerneurons werden zusätzlich die Gewichtsvektoren der in einer Umgebung liegenden Neuronen in Richtung des Eingabevektors modifiziert. Diese Umgebung wird durch eine sog. Nachbarschaftsfunktion definiert. So kann gewährleistet werden, dass benachbarte Cluster auch durch benachbarte Neuronen repräsentiert werden. D.h. eine möglicherweise vorhandene Struktur der Eingabevektoren bleibt so erhalten.

Nach Abschluss des Lernens, d.h. bei Erreichen einer gewissen Anpassungsgüte, die durch geeignete Fehlermaße bestimmt wird (vgl. Kohonen, T. et al. 1995), werden die Eingabevektoren den Gewichtsvektoren zugeordnet, zu denen sie die größte Übereinstimmung aufweisen.

Eine ausführliche Darstellung des Algorithmus findet man bei Kohonen (1995). Bezüglich der Konvergenz des Verfahrens findet man in der Literatur zahlreiche Simulationsstudien, die die Eigenschaft der Selbstorganisation verdeutlichen (vgl. z.B. Kohonen, T. 1995; Ritter, H. 1988). Selbstorganisation bedeutet in diesem Fall, dass die Referenzvektoren asymptotisch eine feste Ordnung bilden und der Kohonenalgorithmus bzw. die Gewichtsvektoren gegen feste Werte konvergieren.

Für den Einsatz des Verfahrens zur Segmentierung (Clusterbildung) gibt es zwei mögliche Alternativen. Zunächst besteht die Möglichkeit, dass jedes Neuron ein Cluster repräsentiert. Folglich ist die Ausgabeschicht ein relativ kleines Gitter. Der Algorithmus ist dann gewöhnlichen statistischen Verfahren, wie z.B. dem $k$-means-Algorithmus (vgl. z.B. Chamoni, P; Budde, C. 1997), sehr ähnlich. Andererseits können benachbarte Neuronen zu einem Cluster zusammengefasst werden. Ein Extremfall davon ist die hier verwendete U-Matrix Methode.

Die U-Matrix (Unified Distance Matrix) Methode von Ultsch und Siemon (1989) dient zur Visualisierung der Topologie der Karte. Sie basiert auf der Berechnung von Abständen zwischen den Gewichtsvektoren der Ausgabeschicht. Die Abstände können auf verschiedene Weisen visualisiert werden.

Iivarinen et al. (1992) schlagen unterschiedliche Grautöne zur Darstellung der Distanzen vor. Dunkle Farbtöne entsprechen dabei großen Abständen und helle Töne kleinen Abständen. Die Cluster sind dann helle Flächen, die durch dunkle Bereiche getrennt werden.

Ultsch und Siemon (1989) schlagen eine dreidimensionale Darstellung vor. Die Abstände werden als Höhen über dem entsprechend der U-Matrixeinträge erweiterten Gitter (Ausgabeschicht) abgetragen. Die U-Matrix stellt sich dann in Form eines Gebirges dar, bei dem die Cluster Täler sind.

## 2.2     Clusteranalyse

Verfahren der Clusteranalyse dienen zur Gruppierung einer Vielzahl von Objekten. Ziel ist dabei das Auffinden in sich homogener und zueinander heterogener Gruppen.

Einen Überblick über die existierenden Verfahren findet man in der einschlägigen Literatur (vgl. z.B. Bacher, J. 1994; Backhaus, K. et al. 1996). Die meisten Clusteralgorithmen arbeiten auf der Basis einer Distanzmatrix, in der die Abstände zwischen allen zu gruppierenden Objekten eingetragen werden. Diese wird bei vielen Verfahren direkt im Arbeitsspeicher abgelegt, so dass diese Verfahren für große Datenmengen mit hoher Dimension relativ ungeeignet sind.

Daher wird an dieser Stelle nur auf eine Methode eingegangen, die sich besonders gut zur Gruppierung einer Vielzahl von Objekten mit hoher Dimension eignet. Diese Methode ist in der SAS-Prozedur FASTCLUS (vgl. SAS/STAT User's Guide 1988) implementiert und geht auf den Leader-Algorithmus von Hartigan (vgl. Hartigan, J. 1975), das K-Means-Verfahren von Mac-Queen sowie einen Algorithmus von Forgy zurück (vgl. Anderberg, M. 1973).

Von besonderer Bedeutung für die Effizienz ist die Auswahl der Initialisierungswerte für die Clusterzentren, die die jeweiligen Cluster repräsentieren. Neben einfachen Strategien, wie z.B. der Wahl der ersten Datenvektoren als Startwerte für die Clusterzentren existieren Methoden zur Berechnung geeigneter Startwerte aus den zu clusternden Datenvektoren (vgl. SAS/STAT User's Guide 1998).

Neben den geeigneten Startwerten ist auch die geeignete Clusterzahl vom Anwender festzulegen. Verfahren zur Bestimmung der optimalen Clusterzahl findet man z.B. bei Backhaus et al. (1996), Bacher (1994) oder bei Fahrmeir und Hamerle (1984).

Die verschiedenen Kriterien liefern zum Teil auch sehr unterschiedliche Lösungen, was zeigt, dass die Bestimmung einer objektiv optimalen Lösung nicht möglich ist. Die Kriterien können nur Anhaltspunkte zur Bestimmung einer Lösung geben. Neben diesen Kriterien sollten auch inhaltliche Aspekte, wie z.B. die Interpretierbarkeit der Ergebnisse, mit in die Bestimmung der Clusterzahl einbezogen werden.

# 3    Durchführung der Analyse

## 3.1    Datengrundlagen und -vorbereitung

Analysiert wurden Verkaufsdaten eines SB-Warenhauses aus zwei Septemberwochen. Jeder Datensatz entspricht dabei einem verkauften Artikel. Ziel der Untersuchung ist die Erstellung einer Kundentypologie aufgrund des beobachteten Kaufverhaltens.

Um sinnvolle Analyseergebnisse zu erhalten, ist es notwendig, der Datenaufbereitung große Aufmerksamkeit zu schenken.

Zunächst werden die Daten auf Datensätze untersucht, die nicht für die Untersuchung relevant sind. In diesem Fall mussten Storno- und Sammelbuchungen einzelner Abteilungen identifiziert und entfernt werden. Desweiteren wurden die Daten auf die für die Untersuchung relevanten Merkmale reduziert.

Um überhaupt eine Clusterbildung durchführen zu können, sind neben Anzahl und Preis der gekauften Artikel auch Informationen über die Zugehörigkeit der Artikel zu verschiedenen Warengruppen notwendig. Insbesondere ist die Verteilung der verschiedenen Artikel auf die Warengruppen von Bedeutung. Bei den vorliegenden Daten entfallen z.B. die Hälfte der Artikel auf die Warengruppe Lebensmittel. Dies hätte zur Folge, dass die Segmentierung eine große Klasse mit Lebensmittelkunden hervorbringt, in die der überwiegende Teil der Kunden fällt.

Deshalb muss die Warengruppengliederung verfeinert werden, so dass eine ausreichende Differenzierung zwischen den Kunden möglich ist.

Im folgenden Schritt müssen einzelne Artikel zu Kassenbons bzw. Kunden aggregiert werden. Für die Erstellung der Kundentypologie wird ein Bon mit einem Kunden gleichgesetzt. Die vorliegenden Daten ermöglichen allerdings keine Identifikation des Kunden, so dass auch Mehrfachkäufe innerhalb des Beobachtungszeitraumes nicht berücksichtigt werden können. Als Ergebnis der Segmentierung erhält man somit auch nur Klassen von typischen Einkaufsbons bzw. typischen Einkäufen.

Aufgrund dieses Nachteils ist es auch nicht möglich, die Kunden bzw. Bons mit biologischen, geographischen und soziodemographischen Daten in Verbindung zu bringen, was besonders für die Ansprache der Segmente von Vorteil wäre (vgl. Abschnitt 1.4).

Die Aggregation erfolgt durch Einführung neuer Merkmale wie Umsatz und Artikelzahl pro Bon und pro Warengruppe (erkennbar anhand der Merkmale DEP und UDEP in Tab. 1). Diese Größen können aus den Einzelbuchungen mit Hilfe einer eindeutigen Schlüsselnummer (NUMBER in Tab. 1) für jeden Bon durch einfache Summation ermittelt werden.

| NUMBER | OPNUM | ITEMCODE | QUANT | UPRICE | EPRICE | SIGN | DEP | DISC | UDEP |
|---|---|---|---|---|---|---|---|---|---|
| 87009100013002 | 2293 | 243178 | 1 | 0,59 | 0,59 | | 1 | 0 | 1 |
| 87009100013002 | 2293 | 243178 | 1 | 0,59 | 0,59 | | 1 | 0 | 1 |
| 87009100013003 | 2293 | 335862 | 1 | 1,69 | 1,69 | | 1 | 0 | 1 |
| 87009100013003 | 2293 | 335862 | 2 | 1,69 | 3,38 | | 1 | 0 | 1 |
| usw. | | | | | | | | | |

Tab. 1: Auszug aus den Ausgangsdaten

Artikelzahl und Umsatz pro Warengruppe korrelieren erwartungsgemäß stark miteinander. Da der Umsatz die aussagekräftigere Größe ist, wird die Analyse auf die Umsatzmerkmale eingeschränkt.

Erste vorläufige Berechnungen zeigten folgendes Problem auf: Bons mit einem niedrigen ausschließlichen Umsatz innerhalb einer Warengruppe und Bons mit einem hohen ausschließlichen Umsatz innerhalb derselben Gruppe werden aufgrund der großen euklidischen Distanz ihrer Merkmalsvektoren unerwünschterweise verschiedenen Clustern zugeordnet. Um diesen Effekt zu vermeiden, wird der prozentuale Umsatz in den jeweiligen Warengruppen pro Bon angegeben.

Bei dieser Vorgehensweise liefern auch Bons mit sehr niedrigem Umsatz den gleichen Beitrag zur Clusterbildung. Da Bons mit einem Umsatz von unter 10 DM ca. 25% der Gesamtmenge ausmachen, aber nicht geeignet sind zur Erfassung von typischem Einkaufsverhalten, werden diese aus der Untersuchung ausgeschlossen.

| Warengruppe | Ums. in % | Verteilung des Umsatzes in DM | | | | | | | | |
|---|---|---|---|---|---|---|---|---|---|---|
| | | STD | Max | 99% | 95% | 90% | 75% | 50% | 25% | Min |
| Käse usw. | 10,95 | 6,90 | 79,60 | 29,32 | 19,01 | 14,36 | 8,15 | 2,98 | 0,00 | 0,00 |
| Sonstiges | 9,00 | 13,80 | 362,75 | 67,70 | 29,95 | 14,40 | 0,00 | 0,00 | 0,00 | 0,00 |
| Süßwaren | 7,70 | 6,29 | 175,48 | 28,22 | 15,79 | 10,98 | 5,28 | 0,59 | 0,00 | 0,00 |
| Getränke | 7,13 | 10,98 | 671,76 | 42,10 | 17,96 | 10,27 | 2,88 | 0,00 | 0,00 | 0,00 |
| Seifen usw. | 6,09 | 6,80 | 143,88 | 30,95 | 15,93 | 9,98 | 2,99 | 0,00 | 0,00 | 0,00 |
| Suppen | 5,51 | 4,93 | 102,67 | 22,32 | 11,98 | 8,17 | 3,69 | 0,00 | 0,00 | 0,00 |
| Nährmittel | 4,63 | 3,60 | 55,44 | 15,37 | 9,27 | 6,76 | 3,57 | 0,00 | 0,00 | 0,00 |
| Elektro | 4,26 | 16,86 | 599,00 | 39,95 | 7,49 | 0,00 | 0,00 | 0,00 | 0,00 | 0,00 |
| Kaffee, Tee | 3,43 | 4,84 | 119,88 | 19,98 | 8,99 | 6,66 | 0,00 | 0,00 | 0,00 | 0,00 |
| Waschm. | 3,22 | 4,66 | 113,44 | 21,48 | 10,98 | 4,99 | 0,00 | 0,00 | 0,00 | 0,00 |
| Hygiene | 3,12 | 4,95 | 107,44 | 23,48 | 8,97 | 4,99 | 0,00 | 0,00 | 0,00 | 0,00 |
| sonst. LM | 2,76 | 3,83 | 148,71 | 16,95 | 7,32 | 4,18 | 0,89 | 0,00 | 0,00 | 0,00 |
| Obst (fr) | 2,72 | 2,95 | 59,75 | 1,44 | 6,96 | 4,48 | 1,98 | 0,00 | 0,00 | 0,00 |
| TKK | 2,63 | 3,44 | 60,29 | 6,47 | 8,08 | 4,69 | 0,00 | 0,00 | 0,00 | 0,00 |
| Heimw. | 2,59 | 8,91 | 399,00 | 29,95 | 5,98 | 0,00 | 0,00 | 0,00 | 0,00 | 0,00 |
| Fleisch (fr) | 2,46 | 3,18 | 782 | 14,25 | 7,58 | 4,68 | 0,00 | 0,00 | 0,00 | 0,00 |
| sonst. HH | 2,34 | 5,09 | 129,00 | 24,95 | 5,99 | 2,49 | 0,00 | 0,00 | 0,00 | 0,00 |
| Küchenb. | 2,29 | 4,54 | 144,23 | 19,95 | 6,28 | 2,99 | 0,00 | 0,00 | 0,00 | 0,00 |
| Tierfutter | 2,04 | 4,09 | 89,40 | 19,99 | 6,65 | 1,99 | 0,00 | 0,00 | 0,00 | 0,00 |
| Obst | 2,00 | 2,48 | 45,86 | 11,56 | 5,75 | 3,56 | 0,00 | 0,00 | 0,00 | 0,00 |
| Tabak | 1,82 | 3,43 | 58,69 | 18,15 | 4,85 | 0,59 | 0,00 | 0,00 | 0,00 | 0,00 |
| Backwaren | 1,71 | 2,35 | 83,94 | 10,95 | 5,15 | 2,99 | 0,00 | 0,00 | 0,00 | 0,00 |
| Fisch usw. | 1,44 | 2,50 | 53,20 | 11,96 | 4,99 | 2,38 | 0,00 | 0,00 | 0,00 | 0,00 |
| Wurst | 1,42 | 2,80 | 209,70 | 11,48 | 4,99 | 2,49 | 0,00 | 0,00 | 0,00 | 0,00 |
| Schreibw. | 1,37 | 2,76 | 77,88 | 12,27 | 4,29 | 1,99 | 0,00 | 0,00 | 0,00 | 0,00 |
| s. Drogerie | 1,06 | 2,88 | 78,92 | 14,95 | 2,99 | 0,00 | 0,00 | 0,00 | 0,00 | 0,00 |
| Brotaufstr. | 0,99 | 1,63 | 44,85 | 7,48 | 2,99 | 1,98 | 0,00 | 0,00 | 0,00 | 0,00 |
| Babyart. | 0,92 | 3,38 | 103,95 | 17,88 | 0,00 | 0,00 | 0,00 | 0,00 | 0,00 | 0,00 |
| Salzgeb. | 0,89 | 1,70 | 84,95 | 7,97 | 2,99 | 0,99 | 0,00 | 0,00 | 0,00 | 0,00 |
| Parfüm | 0,82 | 2,83 | 86,00 | 11,48 | 0,00 | 0,00 | 0,00 | 0,00 | 0,00 | 0,00 |
| Delikat. | 0,70 | 1,25 | 27,56 | 5,99 | 2,78 | 0,00 | 0,00 | 0,00 | 0,00 | 0,00 |
| Gesamt | 100 | 41,31 | 681,03 | 198,59 | 126,25 | 97,21 | 62,27 | 35,59 | 20,45 | 10,00 |

Tab. 2: Kennzahlen zur Beschreibung der modifizierten Daten

Weiter wurde in den Voruntersuchungen festgestellt, dass Merkmale, die den Umsatzanteil in verschiedenen Non-Food Warengruppen angeben, zu eigenen Clustern führen, in denen Bons

mit großen Umsatzanteilen in den jeweiligen Gruppen vorhanden sind. Dabei handelt es sich um sehr kleine Cluster und der Anteil der Bons mit einem Umsatz größer null in den jeweiligen Non-Food Warengruppen ist relativ gering. Um eine zu starke Aufsplittung zu vermeiden, werden diese Merkmale zusammengefasst (vgl. Warengruppe „Sontiges" in Tab. 2). Tab. 2 zeigt neben dem prozentualen Umsatz in den Warengruppen und der Standardabweichung verschiedene Quantile, die angeben wie sich der Umsatz in den Gruppen auf die Bons verteilt. So haben z.B. 99% der Bons einen Umsatz in der Warengruppe „Käse", der kleiner oder gleich 29,32 DM ist.

Die so modifizierten Daten zeichnen sich durch einige Besonderheiten aus. Mehr als die Hälfte der Bons liegt im Umsatzbereich zwischen 10 und 40 DM, d.h. die überwiegende Anzahl Kunden tätigt keine Großeinkäufe. Dies zeigt sich auch bei der Betrachtung der Artikelzahl. Knapp 60% der Bons enthalten 16 oder weniger Artikel, auf die allerdings nur 37% des Umsatzes entfallen. Der durchschnittliche Umsatz pro Bon beträgt 16,46 DM.

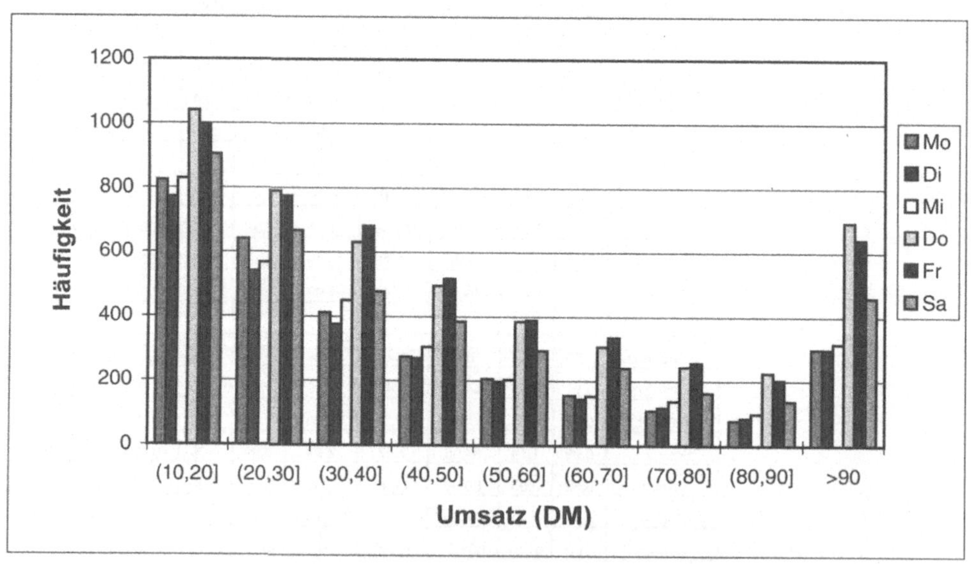


Abb. 1: Verteilung der Bons nach Umsatzintervallen
und Wochentagen

Besonderheiten zeigen sich auch bei der Verteilung des Umsatzes auf die verschiedenen Wochentage, insbesondere wenn man zusätzlich noch die Höhe des Umsatzes berücksichtigt. Abb. 1

zeigt, dass der größte Teil der Einkäufe an den Tagen Donnerstag, Freitag und Samstag getätigt wird. Dieser Effekt nimmt tendenziell bei Bons mit größerem Umsatz zu.

Abschließend wurde versucht, durch eine Hauptkomponentenanalyse eine Reduktion der Dimension zu erreichen. Es lassen sich aber keine Hauptkomponenten identifizieren, die einen bedeutenden Teil der Varianz erklären können. Zudem sind für eine Varianzerklärung von 80% 23 Hauptkomponenten nötig. Aus diesen Gründen wird auf eine Dimensionsreduktion mittels Hauptkomponentenanalyse verzichtet.

## 3.2 Segmentierung mit vorgestellten Verfahren

### Clusteranalyse mit FASTCLUS

Wie bereits in Abschnitt 2.2 erwähnt, spielt die Wahl der Initialisierungswerte eine maßgebliche Rolle für den Erhalt verwertbarer Ergebnisse.

Um zu vermeiden, dass Ausreißer als Initialisierungswerte gewählt werden, wird der Algorithmus zunächst mit einer großen Clusterzahl gestartet. Man wählt dann diejenigen Clusterzentren als Initialisierungswerte, denen einen vorgegebene Mindestzahl der zu gruppierenden Objekte zugeordnet wurde.

Hier sind verschiedene Tests notwendig, um zu sehen, welche Werte am besten geeignet sind. Ebenso müssen in Abhängigkeit von den erzielten Ergebnissen die optimale Iterationszahl sowie weitere Parameter für die Konvergenz bestimmt werden (vgl. SAS/STAT User's Guide 1988).

Für die Beurteilung der Güte der Lösung werden verschiedene Maßzahlen verwendet. Dies sind z.B. die Streuungsquadratsummen innerhalb der Cluster ($SQ_{in}$) und zwischen den Clustern ($SQ_{zw}$) (vgl. Bacher, J. 1994, S. 308ff.), die $R^2$-Statistik, die das Verhältnis zwischen der Streuungsquadratsumme zwischen den Clustern und der Gesamtstreuungsquadratsumme angibt und die Standardabweichung innerhalb der Cluster (vgl. SAS/STAT User's Guide 1988, S. 297).

Nach verschiedenen Testläufen ergaben sich für verschiedene Clusterzahlen die in Abb. 2 gezeigten Werte für den Quotienten aus Streuungsquadratsumme zwischen den Clustern und Streuungsquadratsumme innerhalb der Cluster.

Mit Hilfe des Elbow-Kriteriums (vgl. Backhaus K. et al. 1996) wird die optimale Clusterzahl aus diesen Maßzahlen bestimmt. Da der Wert für den Quotienten beim Übergang von 15 zu 16 Clustern kaum noch zunimmt, wird die 15 Cluster-Lösung als Optimallösung gewählt.

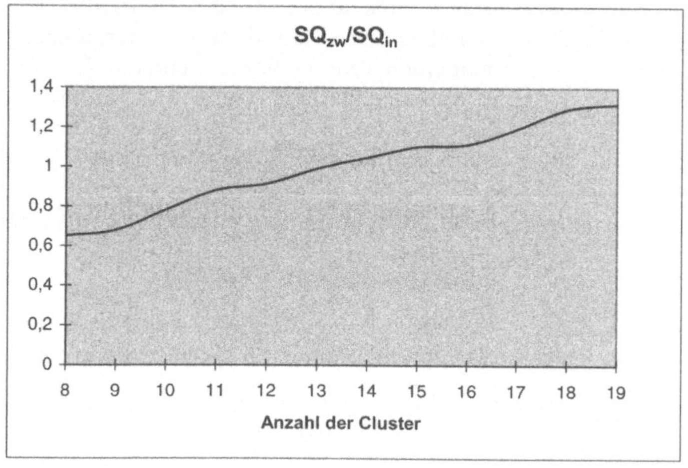


Abb. 2: Optimale Clusterzahl mit Hilfe des Elbow-Kriterium

Zwei Cluster treten bei dieser Lösung besonders hervor. Sie zeichnen durch einen großen Abstand ihrer Clusterzentren zum nächstgelegenen Clusterzentrum und eine kleine Root-Mean-Square-Standardabweichung (vgl. SAS/STAT User's Guide, S. 297), also eine große Homogenität aus.

Zu einem handelt es sich um Bons, auf denen der größte Umsatzanteil aus Elektroartikeln besteht, die überwiegende Zahl der Bons enthält nur einen Artikel (vgl. Abb. 3). Das andere deutliche Cluster umfasst Bons mit durchschnittlich 75% des Umsatzes im Bereich der Heimwerkerartikel. Hier ist der Anteil der Samstagseinkäufe besonders hoch. Auf eine detaillierte Beschreibung der weiteren Cluster wird an dieser Stelle verzichtet.

Für die Interpretation der Cluster werden neben den technischen Maßzahlen auch Größen wie Umsatz im jeweiligen Cluster, Verteilung des Umsatzes auf die Wochentage, Verteilung der Artikelzahl pro Bon, durchschnittlicher prozentualer und absoluter Umsatz pro Bon in den Warengruppen sowie verschiedene Quantile betrachtet (vgl. Abb. 3). Dabei sind nur die acht Warengruppen mit dem größten durchschnittlichen Umsatz pro Bon aufgeführt.

Die Quantile sind wie in Abb. 1.2 zu interpretieren. Dabei fällt in Abb. 3 besonders auf, dass mindestens 75% der Bons ausschließlich Umsatz in der Warengruppe „Elektro" aufweisen.

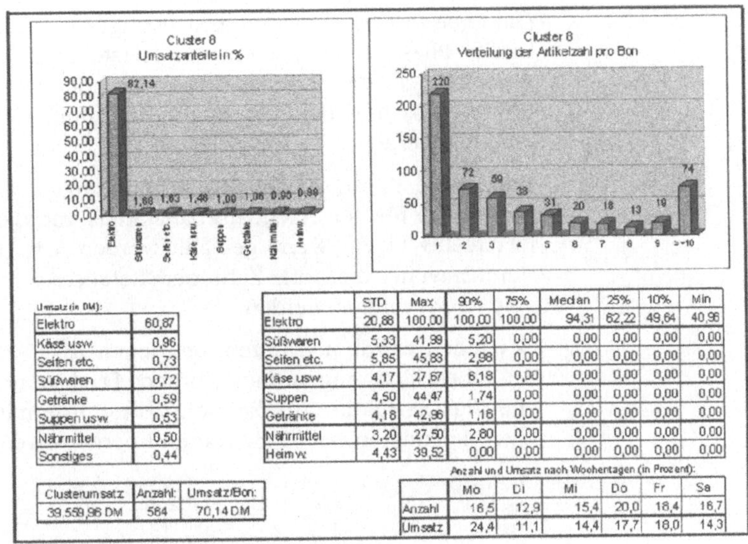



Umsatz (in DM):

| | |
|---|---|
| Elektro | 60,87 |
| Käse usw. | 0,96 |
| Seifen etc. | 0,73 |
| Süßwaren | 0,72 |
| Getränke | 0,59 |
| Suppen usw. | 0,53 |
| Nährmittel | 0,50 |
| Sonstiges | 0,44 |

| Clusterumsatz | Anzahl: | Umsatz/Bon: |
|---|---|---|
| 39.559,96 DM | 584 | 70,14 DM |

| | STD | Max | 90% | 75% | Median | 25% | 10% | Min |
|---|---|---|---|---|---|---|---|---|
| Elektro | 20,88 | 100,00 | 100,00 | 100,00 | 94,31 | 62,22 | 49,64 | 40,96 |
| Süßwaren | 5,33 | 41,99 | 5,20 | 0,00 | 0,00 | 0,00 | 0,00 | 0,00 |
| Seifen etc. | 5,85 | 45,83 | 2,98 | 0,00 | 0,00 | 0,00 | 0,00 | 0,00 |
| Käse usw. | 4,17 | 27,67 | 6,18 | 0,00 | 0,00 | 0,00 | 0,00 | 0,00 |
| Suppen | 4,50 | 44,47 | 1,74 | 0,00 | 0,00 | 0,00 | 0,00 | 0,00 |
| Getränke | 4,18 | 42,96 | 1,16 | 0,00 | 0,00 | 0,00 | 0,00 | 0,00 |
| Nährmittel | 3,20 | 27,50 | 2,80 | 0,00 | 0,00 | 0,00 | 0,00 | 0,00 |
| Heimw. | 4,43 | 39,52 | 0,00 | 0,00 | 0,00 | 0,00 | 0,00 | 0,00 |

Anzahl und Umsatz nach Wochentagen (in Prozent):

| | Mo | Di | Mi | Do | Fr | Sa |
|---|---|---|---|---|---|---|
| Anzahl | 16,5 | 12,9 | 15,4 | 20,0 | 18,4 | 16,7 |
| Umsatz | 24,4 | 11,1 | 14,4 | 17,7 | 18,0 | 14,3 |

Abb. 3: Beschreibung eines Clusters

## Segmentierung mittels selbstorganisierender Karten

Für die nun folgende Segmentierung mittels selbstorganisierender Karten wurde das Tool SOM_PAK Vers. 3.1 (vgl. Kohonen et al. 1995) verwendet.

Da bei der Approximation der Dichte der Eingabevektoren durch die Referenzvektoren der Karte automatisch die beiden Dimensionen der Eingabevektoren, die die größte Varianz besitzen, am stärksten berücksichtigt werden (vgl. Kohonen 1995), ist es notwendig, die Merkmale zu standardisieren, so dass alle den Erwartungswert und die Varianz eins besitzen. Nur so kann sichergestellt werden, dass bei der Clusterbestimmung alle Merkmale den gleichen Einfluss haben.

Zur Beurteilung der Güte der jeweiligen Lösung wird neben dem mittleren Fehler bei der Zuordnung der Inputvektoren zu den Referenzvektoren ein Fehlermaß verwendet, das auch die Abstände zu benachbarten Neuronen mit berücksichtigt, da ein Cluster hier aus mehreren Neuronen besteht.

Die Lernrate und die Nachbarschaftsfunktion werden als Funktionen, die mit zunehmender Iterationszahl abnehmen, gewählt. Die Durchführung des Lernalgorithmus erfolgt in zwei Phasen. Die erste Phase, die wesentlich weniger Iterationsschritte als die zweite Phase umfasst, dient zur Herstellung einer groben Ordnung. Die genaue Zahl der Iterationsschritte ist abhängig von der Kartengröße und der Anwendungssituation. Sie muss empirisch ermittelt werden.

Die zweite Phase ist die Feinabstimmungsphase. Als Initialisierungswerte für den Nachbarschaftsradius und die Lernrate sollten hier relativ kleine Werte gewählt werden. Die optimalen Initialisierungswerte und die Zahl der Iterationen müssen ebenfalls empirisch ermittelt werden.

Begonnen wurde mit Karten, bei denen 16x16-Neuronen auf der Ausgabeschicht angeordnet wurden. Da hier noch keine deutliche Clusterstruktur zu erkennen war, wurde mit den hier ermittelten Parametern zu 32x32-Karten übergegangen.

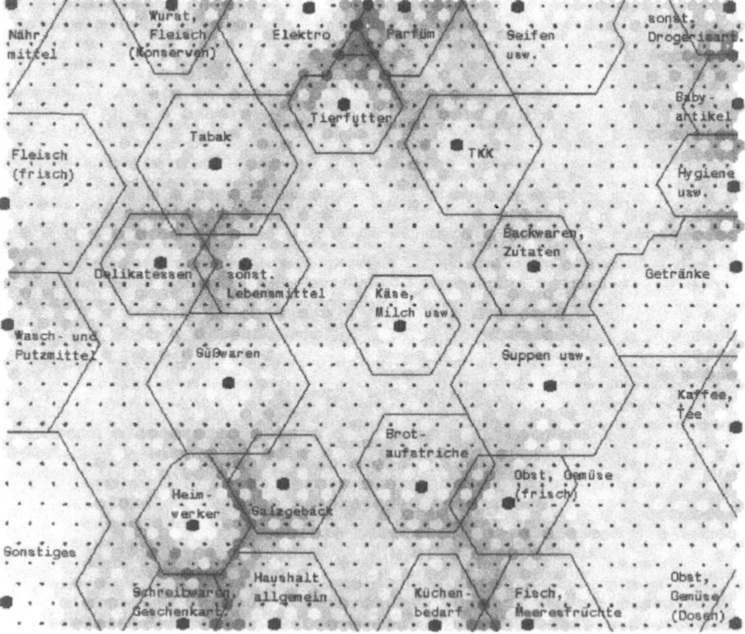


Abb. 4: 32x32 U-Matrix

Weitere Testläufe wurden mit 64x64-, 96x96-, und 128x128-Karten durchgeführt. Da aber selbst bei den 128x128-Karten noch keine klare Clusterstruktur zu erkennen war, wird wegen der einfacheren Auswertbarkeit und Darstellbarkeit auf 32x32-Karten zurückgegriffen.

Bei der Ermittlung der Clusterstruktur werden Darstellungen der Merkmalsverteilungen auf der Karte für jedes einzelne Merkmal verwendet. Zu jedem Neuron wird durch einen entsprechenden Farbton dargestellt, welche Merkmalsausprägung der entsprechende Referenzvektor besitzt.

Damit lassen sich einzelne Bereiche auf der Karte ermitteln, in denen die Merkmale hohe Werte besitzen. Diese wurden in die ermittelte 32x32-Karte eingetragen (vgl. Abb. 4). Bei den mit schwarzen Punkten gekennzeichneten Neuronen besitzen die Merkmale ihre größten Werte.

Idealerweise sollte es so sein, dass den Neuronen in den dunklen Bereichen der Karte, die große Abstände zwischen den Neuronen signalisieren und als Trennung zwischen den Clustern in Frage kommen, keine Bons zugeordnet werden. Da dies hier nicht der Fall ist, wurden hier die zugeordneten Bons betrachtet und inhaltliche Aspekte für die Zuordnung zu einem Cluster berücksichtigt.

Mit Hilfe dieser Informationen werden nun manuell die Clustergrenzen bestimmt.

Die Neuronen in den dunklen Bereichen stellen Ausreißer bzw. eher untypische Bons dar. Daher könnte man diese bei der Zuordnung zu den Clustern auch unberücksichtigt lassen. Aus Gründen der Vergleichbarkeit mit der herkömmlichen Clusteranalyse wird von diesem Vorgehen aber abgesehen.

Daraus resultierte eine Lösung mit 26 Clustern, die trotz der größeren Zahl zahlreiche Parallelen zu den Ergebnissen der Clusteranalyse aufweist. Insbesondere findet man auch hier die Cluster mit den Heimwerker- und Elektrokunden wieder.

## 3.3    Vergleich der Verfahren

Auffallend sind die sich sehr stark unterscheidenden Clusterzahlen bei beiden Verfahren. Dieser Unterschied resultiert aus den erwähnten Schwierigkeiten bei der Bestimmung der optimalen Clusterzahl. Neben der durch das Elbow-Kriterium ermittelten 15-

Cluster-Lösung ist es durchaus möglich, dass noch eine zweite Lösung bei einer größeren Clusterzahl gefunden werden kann.

Bei beiden Verfahren bereitet das Auffinden einer optimalen Clusterzahl erhebliche Schwierigkeiten. Die selbstorganisierenden Karten bieten dabei den Vorteil, dass sofort erkennbar ist, welche inhaltlichen Veränderungen durch Zusammenfassung oder Zerlegung von Clustern vorgenommen werden.

Beim FASTCLUS-Algorithmus führt eine Veränderung der Clusterzahl dagegen zu einer vollständigen Neuberechnung der Cluster. Vor allem ist nicht ersichtlich, wie die zusätzlichen Cluster bei einer Erhöhung der Clusterzahl aus den bestehenden Clustern hervorgegangen sind.

Ein weiterer Vorteil der selbstorganisierenden Karten besteht in der räumlichen Darstellung der Lösung. Diese ermöglicht die Darstellung der Lage und der Beziehungen der Cluster zueinander. Die Karten bilden eine Approximation der Verteilung der Eingabevektoren, weshalb die Karten einen sehr guten Überblick über die tatsächliche Gestalt der Ausgangsdaten liefern. Weiterhin geben die Bereiche hoher Merkmalswerte Aufschluss über die Merkmalsverteilung in den Rohdaten.

Nachteil der selbstorganisierenden Karten ist die hohe Rechenzeit, die aus der Bestimmung des minimalen Abstandes der Eingabevektoren zu allen Neuronen der Karte entsteht.

Inhaltlich lassen sich, trotz der großen Unterschiede bei der Anzahl der Cluster, Gemeinsamkeiten entdecken. Die typischen Cluster mit den Elektrokunden und den Heimwerkerkunden werden in beiden Fällen ermittelt.

Darüber hinaus findet man zu fast allen Clustern in der jeweils anderen Lösung ein oder mehrere Cluster, die diesem entsprechen. Auffällig ist dabei, dass die Cluster bei den selbstorganisierenden Karten meistens eine etwas größere Standardabweichung ausweisen. Dies liegt an der Art der Clusterbildung. Betrachtet man die Karte, in die die Bereiche hoher Merkmalswerte eingetragen wurden, so erkennt man, dass es Bereiche gibt, in denen keines der Merkmale hohe Werte annimmt. Diese wurden bei der Clusterbildung mit einbezogen. Hätte man die Cluster enger abgegrenzt und nur die Bereiche mit hohen Merkmalswerten als Cluster gewählt, wären diese deutlich homogener gewesen. Dann hätte man aber alle Neuronen – mit den dazugehörigen Bons – aus den Bereichen ohne hohe Merkmalswerte zu einem Cluster zusammenfassen müssen, obwohl diese an sehr unterschiedlichen Positionen der Karte auftreten. Eine weitere Möglichkeit wäre der Verzicht auf die Zuordnung dieser Neuronen bzw. Bons zu den Clustern (vgl. Back, B. et al. 1996).

Insgesamt lässt sich feststellen, dass die selbstorganisierenden Karten eine aussagekräftigere Lösung mit mehr Ansatzpunkten für die Interpretation liefern. Dies ist insbesondere dann der Fall, wenn man eine dreidimensionale Darstellung der U-Matrix zur Verfügung hat, in der die Abstände als Höhen über den Neuronen eingetragen werden.

Wenn darüber hinaus noch einzelne Merkmalsverteilungen durch helle und dunkle Farbtöne in die dreidimensionale Darstellung eingetragen werden und man die zu den Neuronen gehörenden Objekte direkt anzeigen lassen kann, sind optimale Voraussetzungen für die Analyse der unterschiedlichen Cluster gegeben. So lassen sich z.B. neben dem typischen Einkaufsverhalten in den Clustern sehr schnell Cross-Selling-Effekte erkennen.

Der etwas größere Aufwand beim Training des Neuronalen Netzes und der Auswahl der richtigen Kartengröße wird durch die bessere Visualisierung der Ergebnisse auf jeden Fall gerechtfertigt.

# Literaturverzeichnis

Anderberg, M.: „Cluster Analysis for Applications", Academic Press, New York u.a. 1973.

Bacher, J.: „Clusteranalyse -- Anwendungsorientierte Einführung", Oldenbourg Verlag, München u.a. 1994.

Back, B. et al.: „Managing Complexity in Large Data Bases Using Self-Organizing Maps", Technical Report No 48; Turku Centre for Computer Sciences September 1996.

Backhaus, K. et al.: „Multivariate Analysemethoden - Eine anwendungsorientierte Einführung"; 8. Auflage; Springer-Verlag, Berlin, Heidelberg 1996.

Chamoni, P.; Budde, C.: „Methoden und Verfahren des Data Mining", Diskussionsbeiträge des Fachbereichs Wirtschaftswissenschaft der Gerhard-Mercator-Universität Gesamthochschule Duisburg Nr. 232, 1997.

Fahrmeir, F.; Hamerle, A.: „Multivariate statistische Verfahren", Walter de Gruyter, Berlin, New York 1984.

Freter, H.: „Marktsegmentierung, Marktsegmentierungsmerkmale", in: Diller, H.: „Vahlens Großes Marketing Lexikon", Verlag Franz Vahlen, München 1992.

Hartigan, J.: „Clustering Algorithms", John Wiley & Sons, New York u.a. 1975.

Iivarinen, J. et al.: „Visualizing the Clusters on the Self-Organizing Map"; in: Carlsson, C.; Järvi, T.; Reponen, T.: „Multiple Paradigms for Artificial Intelligence", Finnish Artificial Intelligence Society 1992.

Kohonen, T.: „Self-Organizing Maps", Springer-Verlag, Berlin u.a. 1995.

Kohonen, T. et al.: „SOM_PAK – The Self-Organizing Map Program Package", Helsinki University of Technology, Laboratory of Computer and Information Science, Technical Report A31, Espoo Finland 1995.

Kotler, P.; Bliemel, F.: „Marketing-Management", 8. Auflage, Schäffer-Poeschel Verlag, Stuttgart 1995.

Nauck, D. et al. : „Neuronale Netze und Fuzzy Systeme"; Vieweg Verlag, Braunschweig/Wiesbaden 1994.

Nieschlag, R. et al. : „Marketing", 16. Auflage, Duncker & Humblot Berlin 1991.

Ritter, H.: „Selbstorganisierende neuronale Karten", Dissertation Technische Universität München 1988.

SAS/STAT User' s Guide: SAS Institute Inc., SAS/STAT „User' s Guide", Release 6.03 Edition; Cary, NC: SAS Institute Inc. 1988.

Ultsch, A.; Siemon, H. P. : „Exploratory Data Analysis: Using Kohonen Networks on Transputers", Technical Report 329, Department of Computer Science, University of Dortmund 1989.

# Kapitel 7:

# Nutzungsbasierte Kundensegmentierung

Dipl.-Wirtschaftsmath. Thomas Gossens
WestLB Systems GmbH
Völklinger Str. 4
40217 Düsseldorf
thomas_gossens@westlb-systems.de

# Inhaltsverzeichnis

# 1 Datensegmentierung

## 1.1 Einleitung

Mit der Möglichkeit Analysedaten informationstechnisch zu erfassen und zu verarbeiten ist die Bedeutung der Datensegmentierung im kommerziellen Bereich immer größer geworden. Bietet sie doch die Möglichkeit, durch quantitative Analyseergebnisse die Informationslage von Entscheidungsträgern zu verbessern und dadurch marktorientiertes Entscheidungsverhalten zu ermöglichen.

Dieses Kapitel beschäftigt sich mit dem statistischen Problem der Segmentierung von Benutzern eines Telekommunikationsproduktes auf der Basis ihres Nutzungsverhaltens. Bei Telekommunikationsprodukten sind die Voraussetzungen für die Datenanalyse häufig deshalb schon besonders gut, weil die Daten für die Erforschung des Kundenverhaltens durch die Art der Geschäftsabwicklung ständig produziert werden. Das Kapitel ist so gestaltet, dass einer Einführung in den Bereich der Datensegmentierung eine kurze Beschreibung von konventionellen und modernen Segmentierungsmethoden folgt. Hierbei werden ausschließlich solche Verfahren berücksichtigt, die auf das spezielle Segmentierungsproblem angewandt werden. Im letzten Teil der Arbeit werden die Resultate dieser ausgewählten Verfahren vorgestellt.

## 1.2 Segmentierung als Konzept des Marketing

Die Analyse der Aufgabenumwelt ist zum Erreichen der von der Unternehmung angestrebten Ziele unverzichtbar; sie soll zugleich zu einer Beschreibung und einer Abgrenzung von Märkten führen. Eine solche Analyse muss auf die Erfassung und Abgrenzung des relevanten Marktes sowie auf die Ermittlung von Marktreaktionsfunktionen abzielen. Die Erfassung und Abgrenzung des relevanten Marktes stellt ein Unternehmen vor ein Problem, für das es bis heute keine allgemein gültige Lösung gibt. Die Definition der Absatzmärkte „als Menge der aktuellen und potentiellen Abnehmer bestimmter Leistungen sowie der aktuellen und potentiellen Mitanbieter dieser Leistungen sowie der Beziehung zwischen diesen Abnehmern und Mitanbietern" (vgl. Meffert, H. 1998) verdeutlicht die aufgeworfene Problematik und weist den Weg in Richtung einer Auswahl von Kriterien zur Abgrenzung relevanter Märkte. Wichtig ist hierbei, dass jede Marketingentscheidung grundsätzlich von der eigenen Lage, der Bewertung der gegnerischen Lage und dem eigenen Mittelbestand beeinflusst wird. Dies bedeutet, dass die Qualität des Marketing direkt von der Informationslage des Entscheidungsträgers abhängig ist. Um die Befriedigung dieses Informationsbedarfs zu unterstützen, hat sich in den letzten Jahren eine neue Disziplin, das Database Marketing, etabliert. Definieren kann man Database Marketing als „die Lehre über den Einsatz von Datenbanken aller Art für Marketingzwecke" (vgl. Schüring, H. 1991). Es besteht ein direkter Zusammenhang zwischen den Begriffen Database Marketing, Knowledge Discovery in Databases sowie Data Mining (vgl. Brachman, R. J. et al. 1996). Nach Zentes (1987) stellen Informationsanalyse und Entscheidungsunterstützung neben der Informationsgewinnung die wesentlichen Komponenten eines EDV-gestützten Marketing dar. Die Marktsegmentierung gehört zweifelsohne zu den Kerngebieten eines modernen Marketing (vgl. Freter, H. 1983).

Eingegliedert in den Rahmen der Marktforschung und der Informationsanalyse ist es die Aufgabe der Marktsegmentierung, einen (Gesamt-)Markt in verschiedene Abnehmer- bzw. Verwendungskategorien mit jeweils gleichen Bedarfsvorstellungen zu unterteilen (vgl. Berekoven, L. et al. 1993). Aus der Vielzahl der Abgrenzungskriterien des relevanten Marktes sowie der Kriterien zur Marktsegmentierung wird im weiteren der Kunde und dessen individuelles Verhalten, insbesondere die Inanspruchnahme von Dienstleistungen, als Beobachtungs- und Analyseobjekt betrachtet.

## 1.3    Verhaltensbasierte Kundensegmentierung

Grundsätzlich kann man eine Unterteilung von vier verschiedenen Kriterien zur Marktsegmentierung vornehmen. Diese sind die geographische, die soziodemographische, die psychographische sowie die verhaltensorientierte Marktsegmentierung (vgl. Berrigan, J. und Finkbeiner, C. 1992).

In der Vergangenheit wurden fast ausschließlich soziodemographische Segmentierungskriterien wie Geschlecht, Alter, Familienstand, usw. bei einer Marktsegmentierung eingesetzt; die heutigen Analysen kombinieren die soziodemographischen Merkmale mit anderen Segmentierungskriterien oder führen die Marktsegmentierung unter vollkommenem Verzicht der soziodemographischen Kriterien durch (vgl. Meffert, H. 1998). Die soziodemographischen Kriterien werden jedoch weiterhin dazu verwendet, die identifizierten Segmente zum Zweck der weiteren Analyse bzw. für Schlussfolgerungen zu beschreiben.

Grundsätzlich ist die verhaltensbasierte Segmentierung in Bereichen anwendbar, in denen die Beobachtung und Befragung von bzw. nach konkretem Verhalten möglich ist. Dies gilt insbesondere für Branchen, wie Handel, Banken und Telekommunikation, die in großen Datenbanken Informationen über ihre Kunden besitzen, wobei diese Informationen durch fortschrittliche Datenanalysemethoden für Marketingzwecke genutzt werden können (vgl. Feist, J. 1998 und Wietzorek, H.; Henkel, G. 1997). Die erreichte Einteilung des relevanten Marktes muss in jedem Fall dazu führen, dass sich jedes Segment aus Kunden mit weitgehend gleichen Verhaltensweisen zusammensetzt (vgl. Kroeber-Riel, W., Weinberg, P. 1996).

Beobachtung und Befragung stellen die wesentlichen Methoden zur Gewinnung von verhaltensbasierten Daten in der Marktforschung dar. Bei beiden Ansätzen können allerdings methodische Probleme auftreten. Interviewer- bzw. Beobachtereinfluss sowie die Gefahr von Fehlaussagen und Fehleinschätzungen bzw. der Beobachtungseffekt (vgl. Hüttner, M. 1997), können jeweils dazu führen, dass die erhobenen Daten das Verhalten der Kunden nicht exakt wiedergeben. Diese nichtbeabsichtigten Einflüsse sollten bei der Datenerhebung weitgehend ausgeschlossen werden.

Für den Einsatz von Verhaltensmerkmalen als Segmentierungskriterien lassen sich abschließend folgende Aussagen festhalten:

- Werden verhaltensbasierte Kriterien unabhängig von anderen Segmentierungskriterien eingesetzt, so kann das Ergebnis nur eine eingeschränkte Aussagekraft über die Bestimmung homogener Kundensegmente besitzen.

- Das Ergebnis einer verhaltensbasierten Segmentierung hilft lediglich bei der Beschreibung verschiedener Segmente und lässt keinen Schluss auf die Ursachen des Kundenverhaltens zu. Verhaltensbasierte Kriterien werden dementsprechend als segmentbeschreibende Variablen eingesetzt.

„Der isolierte Einsatz verhaltensorientierter Merkmale zur Segmentbildung kann aufgrund des deskriptiven Charakters der Kriterien allenfalls ein erster Schritt auf dem Wege zu einer präzisen Zielgruppenbestimmung sein" (vgl. Meffert, H. 1998).

## 1.4 Kundenanalyse eines Telekommunikationsproduktes

Als ein Markt, auf dem in immer rascherem Tempo neue technische Verfahren entwickelt und zur Marktreife gebracht werden und auf dem sich die vielen Produkte des Informationsaustausches leicht durcheinander substituieren lassen, stellt der Telekommunikationsmarkt die Marktforschung vor besondere Probleme. Den Ausgangspunkt für die Erforschung des Marktes für spezifische Produkte stellt die Bestimmung des relevanten Marktes dar, bei der folgende Ziele im Mittelpunkt stehen (vgl. Kühnapfel, J. B. 1995):

- Prognose der Marktentwicklung und Feststellung der Phasen der Produkte im Lebenszyklus

- Früherkennung von Faktoren, die eine Wandlung des relevanten Marktes zur Folge haben

- Feststellung der wirtschaftlichen Potentiale des relevanten Marktes und der Möglichkeiten zur Steigerung derselben

- An den Unternehmenszielen orientierte Entwicklung neuer bzw. Variation alter Produkte und somit bessere Befriedigung der Kundenbedürfnisse und Erzielen von Wettbewerbsvorteilen

Der Analyse der Besonderheiten der Gruppen von Nachfragern kommt eine große Bedeutung zu (vgl. Wolf, T. 1995). Im Bereich der Marktforschung für Telekommunikationsprodukte ist es die Aufgabe der Marktsegmentierung, möglichst homogene Gruppen von Nachfragern zu identifizieren. Die aufgefundenen Marktsegmente, in denen der Anbieter letztendlich agiert, bilden zusammen den Kern des relevanten Marktes. Die Qualität und die Verwendbarkeit der erzielten Segmentierung ist hierbei von den einfließenden Kriterien (geographische, soziodemographische, psychographische und verhaltensbasierte Kriterien) abhängig (vgl. Kühnapfel, J. B. 1995).

Die Zielgruppenanalyse hat das Ziel, durch Sammlung und Verarbeitung quantitativer und qualitativer Kundeninformationen die Informations- und Kommunikationswelten der Kunden kennen zu lernen und aufgrund dessen Rückschlüsse auf inhärente Kundenstrukturen und Kundenbedürfnisse ziehen zu können. Hierbei gilt es die Informations- und Kommunikationsbedürfnisse der aktuellen und potentiellen Kunden zu konkretisieren, wobei für den Telekommunikationsmarkt speziell das Nutzungsverhalten bzw. die Akzeptanz der Kunden berücksichtigt werden muss (vgl. Wolf, T. 1995).

# 2   Clusteranalytische Verfahren zur Segmentierung

Die Clusteranalyse beschäftigt sich als ein multivariates statistisches Verfahren mit der Aufgabe, eine Population in kleinere abgegrenzte Subpopulationen einzuteilen. Dabei soll das Ergebnis einer clusteranalytischen Untersuchung über das Resultat einer „naiven" Alltagsklassifikation hinausgehen. Die Clusteranalyse soll zu einer datenimmanenten Segmentierung führen, die sich objektiv nachvollziehen und jederzeit reproduzieren lässt. Durch unterschiedliche Herangehensweisen hat sich eine ausgeprägte Vielfalt clusteranalytischer Verfahren entwickelt, so dass manche Autoren bereits von einem „Methoden-Dschungel" sprechen. Einen Meisterweg für die Lösung clusteranalytischer Probleme gibt es nicht; vielmehr ist die Auswahl einer geeigneten Methode eine wesentliche Determinante für Erfolg oder Misserfolg einer Segmentierung. Auf einige Clusteranalyseverfahren auf der Basis quantitativer Merkmale wird im Folgenden eingegangen.

Der Begriff „Clusteranalyse" soll so übernommen werden, wie dies Steinhausen und Langer (1977) vorschlagen, als einen zusammenfassenden Terminus „für eine Reihe unterschiedlicher mathematisch-statistischer und heuristischer Verfahren, deren Ziel darin besteht, eine meist umfangreiche Menge von Elementen durch Konstruktion homogener Klassen, Gruppen oder Cluster optimal zu strukturieren". Die Klassifikationsstruktur muss dazu führen, dass die Cluster in sich homogen (Homogenität in den Clustern) und voneinander gut getrennt (Heterogenität zwischen den Clustern) sind.

Zur Präzisierung der Begriffe, die für eine methodische Vorstellung der unterschiedlichen Analyseverfahren notwendig sind, folgen einige Fragen, die den Blick für die aufgeworfene Problematik öffnen (vgl. Bock, H. H. 1994):

- Was ist eine Klasse oder ein Cluster und gibt es in den vorliegenden Daten überhaupt eine Klassenstruktur?

- Was ist ein Klassifikationssystem oder eine Klassifikationsstruktur? Was ist eine „gute" („starke", „schwache") Klassifikationsstruktur?

- Welche Charakteristika oder Eigenschaften bestimmen eine Klasse? Welche strukturellen Beziehungen existieren möglicherweise zwischen den Klassen?

Ziel der Clusteranalyse ist eine Zuordnung; die definierten Merkmale stellen die Grundlage und den Ausgangspunkt für eine Klassifizierung einer betrachteten Objektmenge dar. Hierüber ergibt sich die Möglichkeit, die Begriffe „Distanz" und „(Un-) Ähnlichkeit" zwischen Objekten zu definieren (vgl. Meiser, T.; Humburg, S. 1996).

Die grundsätzlichen Probleme einer Clusteranalyse liegen in der Auswahl von Kriterium und Algorithmus sowie in der Bestimmung der unbekannten Anzahl der aufzufindenden Klassen (vgl. Späth, H. 1975). Im Folgenden werden das Ablaufschema einer Clusteranalyse, Ähnlichkeits- und Distanzmaße und einige clusteranalytische Verfahren in einem Maße vorgestellt, wie dies für eine Segmentierung auf Basis quantitativer Variablen notwendig erscheint.

## 2.1    Ablaufschema und Charakteristika von Clusteranalysen

Der Ablauf einer Clusteranalyse besteht aus acht Phasen. Der gesamte Gruppierungsprozess wird durch eine Modifikations- und Korrekturphase überlagert (Steinhausen, D.; Langer, K. 1977). Im Einzelnen lassen sich diese acht Phasen unterscheiden:

1. Präzisierung der Untersuchungsfragestellung

2. Auswahl der Elemente und Variablen

3. Aufbereitung der Daten

4. Festlegung einer angemessenen Ähnlichkeitsfunktion

5. Bestimmung des geeigneten Algorithmus zur Gruppierung

6. Technische Durchführung

7. Analyse der Ergebnisse (Postanalyse)

8. Interpretation der Ergebnisse

Die Clusteranalyse beruht auf der Hypothese, dass die zu untersuchende Objektmenge bezüglich der zu betrachtenden Merkmale heterogen ist. Um eine den Daten inhärente Struktur identifizieren zu können, ist bei der Auswahl der Objekte[1] und Klassifikationsvariablen darauf zu achten, dass sie sich eindeutig auf die zugrundeliegende Fragestellung beziehen und den untersuchten Bereich ausreichend repräsentieren (vgl. Steinhausen, D.; Langer, K. 1977). Von den Klassifikationsvariablen zu unterscheiden sind die sog. Deskriptionsvariablen, die bei der Clusterbildung nicht berücksichtigt werden, aber der Beschreibung und Validitätsprüfung dienen. Eine präzise Fragestellung und die Auswahl der Elemente und Variablen nach der theoretischen Bedeutsamkeit für das Klassifikationsziel, stellen die unumgängliche Voraussetzung für jede clusteranalytische Untersuchung dar.

Ausgehend von der Rohdatenmatrix, bei der in der i-ten Zeile und in der j-ten Spalte der Messwert des j-ten Merkmals für das i-te Objekt zu finden ist, versucht man, die Quantifizierung der Ähnlichkeit zwischen den Objekten durch eine statistische Maßzahl zu beschreiben, was für die meisten clusteranalytischen Verfahren von fundamentaler Bedeutung ist (vgl. Backhaus, K. et. al. 1996). Für dieses Unterfangen werden Ähnlichkeits- und Distanzmaße benötigt, die die Überführung der Ausgangsmatrix in eine Ähnlichkeits- bzw. Distanzmatrix ermöglichen. Die Komponenten der Matrix geben einen numerischen Ähnlichkeitswert bzw. Distanzwert zu jeweils einem Paar aus der Objektmenge. Die Definitionen allgemeiner Ähnlichkeits- und Distanzmaße bilden die theoretische Grundlage für die Vielzahl unterschiedlicher Ähnlichkeits- und Distanzmaße, die abgestimmt auf den konkreten Anwendungsfall Verwendung finden (vgl. Kaufmann, H.; Pape, H. 1996). Von großer praktischer Bedeutung für die Klassifikation von Objekten mit quantitativen Merkmalsausprägungen sind die euklidische und die quadrierte euklidische Distanz als wichtigste Spezialfälle der verallgemeinerten Minkowski-Metrik. Ebenfalls von praktischer Bedeutung ist die Mahalanobis-Distanz, die nicht zu dieser Untergruppe gehört. Alle drei Distanzmaße verfügen über besondere statistische Eigenschaften und damit verbundene Vorteile und Nachteile (vgl. Kaufmann, H.; Pape, H. 1996).

In die Aufbereitungsphase der Ausgangsdaten fallen die Normierung, Gewichtung und Transformation der Merkmalsvariablen,

---

[1] Die Bezeichnungen „Objekt(e)" und „Element(e)" bzw. „Merkmal(e)" und „Variable(n)" werden synonym benutzt.

wodurch eine Vergleichbarkeit der Merkmale oder eine Erhöhung bzw. Verringerung des Einflusses einzelner Klassifikationsmerkmale erreicht werden soll. Weist ein Datensatz fehlende Werte (missing values) auf, so muss eine Bereinigung der Daten während der Datenaufbereitung stattfinden (vgl. Grimmer, U.; Mucha, H.-J. 1998).

In der Auswahlphase ist ein Clusteralgorithmus zu bestimmen, der dem Klassifikationsziel und den für die Fragestellung bedeutsamen Kriterien am ehesten Rechnung trägt. Ebenso wie bei der Wahl einer geeigneten Distanzfunktion darf bei der Suche nach einem adäquaten Gruppierungsalgorithmus nicht nur auf formale Aspekte eingegangen werden. Man sollte die Wahl eines Algorithmus so treffen, dass die Bedeutung des zu erzielenden Resultats wesentlich in die Entscheidung miteinfließt. Bei der praktischen Durchführung darf man nicht außer Acht lassen, dass sich einige Probleme (wie beispielsweise die Clusterung großer Datenmengen) nur mit speziellen Algorithmen lösen lassen. Hier sind auch Punkte wie Speicherbedarf, Rechenzeit und Verfügbarkeit der in Betracht kommenden Programme für clusteranalytische Untersuchungen sowie die technische Ausstattung des verwendeten Rechners zu nennen.

Für Moosbrugger und Frank (1992) ist das Ziel der statistischen Überprüfung die Beurteilung der Optimalität des Ergebnisses der Clusteranalyse unter verschiedenen Gesichtspunkten. Neben der Bestätigung der Existenz einer Clusterstruktur innerhalb der Objektmenge bezüglich der betrachteten Merkmale steht die Evaluation der Stabilität und der Validität der Befunde im Vordergrund. Die statistische Beurteilung der Angemessenheit bzw. Optimalität richtet sich wesentlich nach der Homogenität der gebildeten Cluster, den Differenzen der Mittelpunkte und der Methodensensitivität, die als Beleg für eine inhärente Struktur gewertet werden kann. Die Bewertungs- und Testkriterien spielen für die Beurteilung der erzielten Lösung eine wichtige Rolle.

Wie bereits angesprochen lässt sich die Anwendung der diversen Verfahren der Clusteranalyse nicht von der speziellen Fragestellung und dem damit verbundenen Segmentierungsziel trennen. Bei der Beschreibung und der Interpretation des clusteranalytischen Ergebnisses muss der Weg (das verwendete Distanzmaß und der Clusteralgorithmus) genau so in die Interpretation miteinfließen wie die fachwissenschaftlichen Grundlagen. Im günstigsten Fall führt der Einbezug von Deskriptionsvariablen zu weiteren Aufschlüssen über die vorgenommene Gruppierung sowie zu einer zusätzlichen Stützung des Ergebnisses.

Eine Möglichkeit die Eigenschaften eines Clusters zu beschreiben, ist beispielsweise die Verteilung der Merkmalsvariablen im Cluster mit der entsprechenden Verteilung der Gesamtpopulation zu vergleichen. Daneben ist es von weiterem Interesse zu wissen, welche Variablen den Ausschlag für die Form und Größe des Clusters geben. Es gibt eine Vielzahl von verschiedenen Methoden, die die Wichtigkeit und den Einfluss der Variablen für das Cluster untersuchen und quantifizieren (vgl. Grabmeier, J.; Rudolph, A. 1998). Die Beschreibung und Interpretation von Clusterlösungen kann durch Visualisierungstechniken unterstützt werden.

## 2.2 Klassische clusteranalytische Verfahren

Die bekannten deskriptiven Verfahren zur Clusteranalyse lassen sich nach der Gruppierungsform in zwei Kategorien einteilen: optimale Partitionsverfahren und hierarchische Klassifikationsverfahren (Kaufmann, H.; Pape, H. 1996). Bei beiden Verfahrensgruppen handelt es sich um überlappungsfreie bzw. disjunkte Clusteranalyseverfahren, wobei die Cluster so gebildet werden, dass jedes Klassifikationsobjekt nur einem Cluster angehört. Neben diesen Verfahren gibt es, der Einteilung von Moosbrugger und Frank (1992) folgend, noch die stochastischen und die nichtdisjunkten Klassifikationsverfahren. Im Folgenden sollen mit den K-Means-Verfahren, den Nächste-Nachbarn-Verfahren und den verteilungsfreien stochastischen Verfahren exemplarisch drei Verfahrensgruppen ausführlicher vorgestellt werden.

### 2.2.1 K-Means-Verfahren

Die K-Means-Verfahren zählen zu den iterativ-partitionierenden Methoden, die, von einer vorgegebenen Clusterzahl ausgehend, versuchen, das Segmentierungsresultat durch Zuordnung einzelner Elemente zu Clustern iterativ zu optimieren. Das Ziel der K-Means-Verfahren ist die Konstruktion von Clusterzentren, womit das vorrangige Interpretationsziel sich auf die Interpretation dieser Clusterzentren richtet. Die Verfahren streben optimale Partitionen dadurch an, dass sie die Qualität einer Partition durch ein numerisches Gütekriterium messen und dann durch Verschieben der Objekte zwischen den Clustern verbesserte Lösungen erreichen. Als globale Gütekriterien bei quantitativen Merkmalen können das Varianz-, das Determinanten- und das Spurkriterium benutzt werden, um die Homogenität innerhalb der Cluster zu bestimmen (vgl. Kaufmann, H.; Pape, H. 1996).

Das Optimalitätskriterium der K-Meansverfahren ist das Varianzkriterium. Zielsetzung der K-Means-Verfahren ist es, durch Clusterbildung nach einem iterativ-partitionierenden Algorithmus die Fehlerstreuung bzw. die Streuungsquadrate in den Clustern zu minimieren (vgl. Bacher, J. 1996).

Ein solcher Algorithmus zum Aufsuchen einer optimalen Partition durchläuft folgende Schritte:

1.  Auswahl einer Anfangspartition mit g Clustern

2.  Erzeugen einer neuen Partition, indem jedes Klassifikationselement seinem nahe liegendsten Clusterzentrum zugeordnet wird. Als Distanzmaß wird die quadrierte euklidische Distanz benutzt.

3.  Neuberechnung der Clusterzentren als Mittelwert der zugehörigen Elemente des jeweiligen Clusters.

4.  Wiederhole die Schritte 2 und 3 solange bis sich die Clusterzugehörigkeit der Elemente stabilisiert.

Für die praktische Durchführung ist die Anwendung eines iterativen Algorithmus notwendig, da die große Menge von Möglichkeiten, eine Menge von N Elementen in g nichtleere disjunkte Teilmengen aufzuteilen, eine exakte vollständige Lösung des Optimierungsproblems schnell unmöglich werden lässt (vgl. Grimmer, U.; Mucha, H.-J. 1998). Dadurch besteht allerdings die Gefahr, die optimale Partition zu verfehlen und als Ergebnis ein lokales Optimum zu erhalten.

Für das Klassifikationsverhalten unter Anwendung des Varianzkriteriums lässt sich festhalten, dass die gebildeten Cluster tendenziell kugelförmig mit gleichem Radius sind und dass tendenziell Klassen mit gleich vielen Objekten entstehen. Praktisch bedeutet dies, dass lang gestreckte Gruppen oder Cluster mit wenigen Elementen schlecht identifiziert werden können.

Unterschiedliche Ausprägungen erhält der K-Means-Algorithmus durch McQueens Methode (Austauschverfahren) und die Methode von Forgy (Minimaldistanzverfahren), die sich in dem Zeitpunkt unterscheiden, bei dem die Neuberechnung der Clusterzentren stattfindet (vgl. Jain, A. K.; Dubes, R. C. 1988). Weitere

Modifikationen am Algorithmus von Forgy wurden nach unterschiedlichen Gesichtpunkten vorgenommen. Diese sind im Einzelnen die Berechnung der Anfangspartition bzw. der Startwerte, der verwendete Algorithmus, die Zuordnungsfunktion, das Gütekriterium und die zu berechnenden Clusterzentren (vgl. Bacher, J. 1996).

Es werden nun Möglichkeiten diskutiert, die unbekannte Anzahl von Clustern zu bestimmen. Ein Ansatz für die Bestimmung einer „besten" Clusterzahl, der auf Plausibilitätsüberlegungen beruht, aber für die praktische Anwendung durchaus brauchbar ist, geht auf Thorndike zurück (Kaufmann, H.; Pape, H. 1996). Hierbei werden Clusterlösungen für unterschiedliche vorgegebene Clusterzahlen bestimmt und dann mit Hilfe des Varianzkriteriums die „beste" Clusterzahl ermittelt. Grundlage ist, dass es sich bei dem Varianzkriterium um ein monoton fallendes Gütekriterium handelt. Ein anderes heuristisches Verfahren zur Bestimmung der Clusterzahl ist das sog. Elbow-Kriterium. In einem Koordinatensystem wird die Fehlerquadratsumme gegen die entsprechende Clusterzahl abgetragen. Treten nun Schwankungen in der Abnahme der Fehlerquadratsumme auf, so bildet sich graphisch ein Ellbogen heraus; der Knick gibt die Clusteranzahl an (vgl. Backhaus, K. et. al. 1996). Bacher (1996) schlägt für die Bestimmung einer geeigneten Clusterzahl das Einbeziehen von Maßzahlen vor, für die er folgende alternativen Kriterien vorgibt:

- Es wird diejenige Clusterlösung ausgewählt, die zu einer deutlichen Reduktion der Fehlerstreuung führt. Als Maßzahlen kann man die erklärte Streuung oder die prozentuelle Verbesserung gegenüber einer vorausgehenden Clusterlösung (PRE-Koeffizienten) benutzen.

- Es wird die Lösung mit dem maximalen Wert in der F-MAX-Statistik ausgewählt. Der F-MAX-Wert wird in Anlehnung an die Varianzanalyse berechnet.

- Es wird aufgrund des Bealschen F-Wertes jene Lösung ausgewählt, die im Vergleich zu vorausgegangenen Clusterlösungen mit einer kleineren Clusterzahl zu einer signifikanten Reduktion der Fehlerstreuung führt, während bei der nachfolgenden Clusterlösung keine signifikante Reduktion des Fehlerniveaus mehr auftritt.

In der Praxis benutzt man im Allgemeinen mehrere verschiedene Kriterien, um die „beste" Clusterlösung zu ermitteln.

Die Evaluation des Ergebnisses ist eine wichtige Aufgabe, denn ein K-Means-Verfahren erzeugt auch dann eine Klassifizierung der betrachteten Objekte, wenn die Daten überhaupt keine „natürliche" Klassenstruktur aufweisen. Für eine Datenanalyse, bei der es aber um die Erkennung unbekannter Daten- bzw. Clusterstrukturen geht, ist eine künstliche Klassifikation nicht von Interesse (vgl. Bock, H. H. 1983). Deshalb ist im Rahmen der Evaluation des Resultats der Frage nachzugehen, ob es sich bei den durch das K-Means-Verfahren entstandenen Clustern überhaupt um bezüglich Homogenität, Separiertheit und Zusammensetzung praktisch und statistisch relevante Klassen handelt.

### 2.2.2    Nächste-Nachbarn-Verfahren

Kaufman und Rousseeuw (1990) sowie Kaufmann und Pape (1996) verstehen unter der „nearest neighbor method" ein überlappungsfreies, agglomeratives hierarchisches Verfahren, das auch als „Single Linkage"-Verfahren bekannt ist. Der Nächste-Nachbarn-Ansatz soll im Folgenden anhand des Single Linkage-Verfahrens dargestellt werden.

Die agglomerativen hierarchischen Verfahren erzeugen eine aufsteigende Folge von Partitionen der Objektmenge auf verschiedenen Verschmelzungsebenen. Sie gehen von der anfänglichen Objektmenge aus, in der jedes Element zunächst ein eigenes Cluster bildet. Schrittweise werden diejenigen Cluster, die die kleinste Distanz zueinander aufweisen, zu einem neuen Cluster verschmolzen. Im Anschluss daran wird die Distanzmatrix für die verbleibenden Cluster neu berechnet. Weiterhin wird das Verfahren solange iterativ fortgeführt, bis alle Objekte ein alleiniges Cluster bilden. Das Single Linkage-Verfahren verschmilzt die beiden Cluster miteinander, für die die Distanz zwischen einem Objekt des einen Clusters und einem Objekt des anderen Clusters am geringsten ist. Für das Single Linkage-Verfahren benutzt man einen Algorithmus mit folgendem Ablauf:

1) Jedes Klassifikationsobjekt bildet ein selbständiges Cluster.

2) Identifizieren des Clusterpaars, für das die Distanz zweier Objekte unterschiedlicher Cluster am geringsten ist. Verschmelzen des Clusterpaars zu einem neuen Cluster. Die Clusterzahl reduziert sich hierbei um 1.

3) Prüfung, ob Clusterzahl gleich 1 ist. Ist dies der Fall, Abbruch des Algorithmus, sonst Fortgang mit Schritt 4.

4)   Berechne die Unähnlichkeit des neu gebildeten Clusters zu den verbleibenden Clustern.

5)   Gehe zu Schritt 2.

Zu den Eigenschaften des Single Linkage-Verfahrens zählt der Aneinanderreihungseffekt („Single Linkage-Effekt"), durch den schlecht getrennte Cluster wegen der vorhandenen Brücken nicht aufgedeckt werden. Aufgrund dieser Eigenschaft ist das Verfahren allerdings in der Lage, verzweigte oder gekrümmte, linienförmige oder kreisförmige Gebilde, bei denen es vornehmlich auf Zusammenhang und weniger auf Ähnlichkeit ankommt, zu erkennen (vgl. Grimmer, H.-J.; Mucha, U. 1998).

Weitere wichtige hierarchische Verfahren sind das Furthest Neighbor- (Complete Linkage), das Average Linkage-, das Median-, das Centroid-, das Ward-Verfahren und das Verfahren der Flexiblen Strategie. Für die jeweiligen Gruppierungseigenschaften wird an dieser Stelle auf die Literatur von Moosbrugger und Frank (1992) sowie Grabmeier und Rudolph (1998) verwiesen.

Um eine Antwort auf die Frage nach der Existenz und der Anzahl von Clustern zu finden, hat sich in der Praxis die Anwendung des inversen Scree-Tests bewährt. Um einen Scree-Test durchzuführen, wird zuerst ein Scree-Diagramm konstruiert; auf der X-Achse wird die Clusterzahl, auf der Y-Achse das auf die Elementenzahl standardisierte Verschmelzungsniveau eingetragen. Bemerkt man nun deutliche Knicke bei der Abwanderung der verbundenen Punkte von rechts nach links, so deutet dies darauf hin, dass dort eine ungerechtfertigte Fusion von heterogenen Clustern stattgefunden hat. Zeigt das Verschmelzungsschema keine ausgezeichneten Knickpunkte, so ist davon auszugehen, dass in der Datenstruktur keine unterscheidbaren Klassen vorhanden sind (vgl. Bacher, J. 1996).

## 2.2.3   Verteilungsfreie stochastische Verfahren

Die verteilungsfreien stochastischen Verfahren gehören zu den „Density Search Methods"; sie bilden eine Familie von Methoden, die zu Schätzungen von multimodalen Mischdichten aus p-dimensionalen Merkmalsvektoren von N Objekten gelangen, ohne Annahmen über clusterspezifische Verteilungen zu treffen. Die verteilungsfreien stochastischen Verfahren eignen sich besonders gut für die Behandlung großer Datenmengen (vgl. Bock, H. H. 1974).

Zur Klassifizierung der Objektmenge O analysieren die Verfahren die „Berge und Täler"-Struktur einer gegebenen (beschränkten, stetigen) Dichte f auf dem Merkmalsraum $\mathbb{R}^P$. Die Grundlage bilden Regionen mit einer hohen Punktdichte. Diese werden als Cluster gedeutet, die sich relativ von den umgebenden Regionen unterscheiden. Zu diesem Zweck definiert man „high-density"-Cluster zu einem vorgegebenen Schwellenwert $c > 0$ als die verbundenen, untereinander getrennten Komponenten $B_1,...,B_m$ aus der Menge $B(c) = \left\{ x \mid x \in \mathbb{R}^P, f(x) \geq 0 \right\}$ (vgl. Bock, H. H. 1996). Die Objekte werden als Punkte in einem metrischen Raum gedeutet. Die verteilungsfreien stochastischen Verfahren versuchen die Clusterung dadurch vorzunehmen, dass sie Teile des Raums als Gebiete höherer Punktdichte von Gebieten niedriger Punktdichte trennen. Die Clusteranalyse entspricht einer Suche nach Modalwerten, d.h. der Suche nach den Maxima einer Verteilungsdichte, wobei bei hinreichender Separation der Gebiete die Anzahl der Modalwerte der Anzahl der Cluster entspricht (vgl. Moosbrugger, H.; Frank, D. 1992).

Der Algorithmus von Wishart ist ein Beispiel für Verfahren, die diesen Ansatz verfolgen. Bei dem Algorithmus von Wishart, der auf dem Single Linkage-Verfahren aufbaut, handelt sich um ein nicht erschöpfendes Clusterverfahren, da die Gebiete mit niedriger Punktdichte nicht klassifiziert werden. Ausgangspunkt des Verfahrens ist die Distanzmatrix $D = (d_{nm})$, wobei $d_{nm}$ die Distanz zwischen den Objekten $x_n$ und $x_m$ beschreibt. Zur Durchführung sind zwei Eingabeparameter vom Anwender zu bestimmen. Die Distanzschranke $\lambda$ und die Distanzschwelle c sind im Wesentlichen sowohl für die Anzahl als auch für die Homogenität der Cluster verantwortlich. Für jedes Objekt $x_n$ wird seine Dichte als die Anzahl $l(n)$ der benachbarten Objekte $x_m$ mit der Distanzschranke $\lambda \left( d_{nm} \leq \lambda \right)$ berechnet. Je nachdem ob der Wert $l(n)$ des Objekts $x_n$ den Dichteschwellenwert c übersteigt oder nicht, wird entschieden, ob die Objekte als dicht oder nicht-dicht eingestuft werden (vgl. Everitt, B. S. 1980). Objekte mit der Eigenschaft $l(n) \leq c$ bleiben unklassifiziert. Durch Variation von $\lambda$, den vom Anwender vorgegebenen Parameter kann es geschehen, dass neue Cluster entstehen oder verloren gehen, sich Klassen vergrößern oder verkleinern und Cluster fusionieren oder getrennt werden. Der Wahl der beiden Eingabeparameter kommt bei dem Verfahren von Wishart deshalb eine besondere Bedeutung zu.

Der Ansatz dichte-basierter Verfahren hat in den vergangenen Jahren vor allem in der Forschung wieder deutlich an Popularität gewonnen, da er sich, wie erwähnt, besonders gut für die Klassifikation großer Datenbestände eignet und vielfach eine effizientere Bearbeitung ermöglicht, als dies die hierarchischen und partitionierenden Clusterverfahren tun.

## 2.3 Neue clusteranalytische Verfahren

Die konventionellen hierarchischen und die partitionierenden Verfahren weisen für die Aufgabe der Datensegmentierung einige Nachteile auf (vgl. Guha, S. et. al. 1998). Als Schwierigkeit dieser in der Praxis häufig benutzen Verfahren ist zu nennen, dass es für viele Verfahren notwendig ist, alle zu clusternden Objekte gemeinsam im Hauptspeicher zu halten, was eine Segmentierung aller Objekte unmöglich machen kann. Ein anderes Problem besteht darin, dass die Verfahren bei der Anwendung auf große Datenmengen zu ineffizient arbeiten (vgl. Zait, M.; Messatfa, H. 1997). Deshalb sind vor allem die hierarchischen Clusterverfahren für große Datensätze ungeeignet und auch die iterativ-partitionierenden Verfahren können nur in modifizierter Form zu einer teilweisen Lösung dieser Problematik beitragen (vgl. Kaufman, L.; Rousseeuw, P. J. 1990).

Die folgenden Strategien sind entwickelt worden, um die Bearbeitung großer Datensätze mittels herkömmlicher Verfahren zu ermöglichen (Bacher, J. 1996).

- Die Berechnung wird mit durchschnittlichen Objekten durchgeführt. Hierzu werden aufgrund bestimmter Merkmale durchschnittliche Objekte errechnet, was zu einer Reduzierung der Objektzahl führt und die Anwendung der konventionellen Verfahren ermöglicht.

- Aus der Objektmenge wird eine Zufallsstichprobe entnommen, für die dann eine Clusterung vorgenommen wird. Hierbei muss darauf geachtet werden, dass der Schluss von der Stichprobe auf die Objektmenge (Population) möglich ist.

Zur Effizienzsteigerung finden die beiden Strategien auch innerhalb neuerer, existierender Algorithmen Anwendung. Sie haben allerdings den Nachteil, dass dadurch häufig die Qualität der Clusterung sinkt (vgl. Ester, M. et. al. 1998).

Um die Lücke geeigneter Verfahren zu schließen, wurden viele neue Clusteralgorithmen entwickelt, zwei werden nachfolgend näher erläutert.

### 2.3.1    Demographic Clustering

Beim „Demographic Clustering" handelt es sich um ein überlappungsfreies Verfahren, d.h. die entstehende Partition ist vollständig (exhaustiv). Der verwendete Algorithmus zählt zu den iterativ-partitionierenden Algorithmen und verwendet als Optimalitätskriterium das Kriterium von Condorcet, in das sowohl die Intracluster-Homogenität als auch die Intercluster-Separabilität einfließen. Das Kriterium beruht auf einem Paarvergleich der in die Betrachtung einfließenden Merkmale.

(Summe aller paarweisen Ähnlichkeiten von Objekten desselben Clusters) - (Summe aller paarweisen Ähnlichkeiten von Objekten unterschiedlicher Cluster)

Im Gegensatz zu den bisherigen Clusterverfahren verfolgt die Zuordnung nicht das Ziel der Konstruktion von Clusterzentren, sondern die Approximation der Verteilungen der Clusterpopulationen. Beim „Demographic Clustering" muss die maximale Anzahl der Cluster nicht als Eingabeparameter vorherbestimmt werden, kann aber im Ablauf durch den Benutzer beeinflusst werden. Das Verfahren ist selbständig in der Lage, Cluster unterschiedlicher Formen ausfindig zu machen. Der Algorithmus ist für große Datenmengen ausgelegt (vgl. Grabmeier, J.; Rudolph, A. 1998). Wie bei allen iterativ-partitionierenden Verfahren besteht auch beim „Demographic Clustering" die Gefahr, eine suboptimale Lösung als Clusterresultat zu erhalten.

### 2.3.2    Generalized Density Based Spatial Clustering

Der Algorithmus GDBSCAN zählt zu der Gruppe der „single scan clustering"-Algorithmen. Aufbauend auf einem dichte-basierten Ansatz für die Entdeckung von Clustern ermöglicht GDBSCAN das Auffinden von Clustern beliebiger Form. Die entstehende Clusterung ist nicht erschöpfend (vgl. Ester, M. et. al. 1998).

Bei dem Algorithmus GDBSCAN handelt es sich um eine Verallgemeinerung des Algorithmus DBSCAN (vgl. Ester, M. et. al. 1996). Die Idee der dichte-basierten Clusterung des Algorithmus

DBSCAN ist, dass für jeden Punkt eines Clusters dessen Eps-Nachbarschaft für ein vorgegebenes *Eps* > 0 eine Mindestanzahl von Punkten beinhalten muss, d.h. die Mächtigkeit in einer Eps-Nachbarschaft von Punkten muss einen bestimmten Schwellenwert übersteigen. Hierdurch lassen sich „zusammenhängende Mengen hoher Dichte" konstruieren und man gelangt zu einer Segmentierung der Objektmenge. Die Weiterentwicklung des Clusteralgorithmus DBSCAN hat sich in folgenden Richtungen vollzogen. Zum einen wurde der Begriff der Nachbarschaft auf eine größere Gruppe von Objekten ausgedehnt, und zum anderen wurde eine gewichtete Mächtigkeitsfunktion für eine Menge von Objekten definiert, um ein allgemeineres Maß für die Nachbarschaft von Objekten zu erhalten. Bei dem Verfahren GDBSCAN handelt es sich um eine einfache Form der Bereichsausdehnung. Des Weiteren wird auf die enge Verbindung zu den Single Linkage-Verfahren und das mögliche Auftreten des Single Linkage-Effekts hingewiesen (vgl. Sander, J. et. al. 1998).

GDBSCAN stellt minimale Anforderungen an das Fachwissen des ausgewählten Bereichs zur Auswahl der Eingabeparameter. Es können Cluster mit beliebiger Form entdeckt werden. GDBSCAN arbeitet mit einer hohen Effizienz, wodurch eine Segmentierung auch für Datenbestände mit bedeutend mehr als einigen tausend Objekten ermöglicht wird (vgl. Sander, J. et. al. 1998).

# 3 Verhaltensbasierte Kundenanalyse

Im Folgendem soll eine konkrete Kundensegmentierung für einen Anbieter auf dem Telekommunikationsmarkt vorgenommen werden. Das Produkt besteht im Wesentlichen aus einer bargeldlosen Vermittlung von Telefongesprächen und ist vornehmlich für den Gebrauch auf Auslandsreisen gedacht. Der Kunde ist durch die Inanspruchnahme dieser Dienstleistung nicht an ein spezielles Endgerät oder eine besondere Art von Endgeräten gebunden und muss dadurch, dass die Abrechnung über Kreditkarte geschieht, keine länderspezifischen Hürden zur Aufnahme eines Telefongesprächs überwinden. Das Produkt zielt damit auf eine ganz spezielle Marktnische und Kundengruppe ab. Zur Nutzung ist eine vorherige Anmeldung notwendig. Das Unternehmen versetzt die Kunden durch eine Calling Card und einen kundenspezifischen Code in die Lage, sich ein Gespräch durch das Unternehmen vermitteln zu lassen.

Ziel ist es, unterschiedliche Kundengruppen zu identifizieren und Aussagen über die Kundengruppen machen zu können. Die Analysedaten sind weitgehend durch das Produkt vorgegeben, d.h. für eine Datenanalyse stehen wenige soziodemographische Kriterien, die bei der Anmeldung und Rechnungsabwicklung eines Kunden anfallen, zur Verfügung; die technische Abwicklung und Aufzeichnung der Telefonate lässt eine genaue Beschreibung des Nutzungsverhaltens der einzelnen Kunden zu.

## 3.1 Datenbeschreibung und -vorbereitung

Die Grundlage der Datenanalyse bilden zwei Dateien, die die Informationen über die Gespräche in einem bestimmten Zeitraum von 24 Monaten für eine bestimmte Kundengruppe (ca. 13500 Personen) enthalten. In der Datei „Gespräche" sind die Informationen zu den einzelnen Gesprächen abgespeichert.

| Col No | Column Name | Format | Description |
|---|---|---|---|
| 1 | customer_id | Numeric15 | Internal unique id |
| 2 | duration_qty | Numeric | Call duration in seconds |
| 3 | from_country_cd | Char3 | Code of Country called from |
| 4 | from_connect_dt | YYYYMMDD | Date of Call at Origin |
| 5 | from_connect_tm | HHMM | Time of Call at Origin |
| 6 | from_weekend_ind | Numeric1 | Set if Day Called at Origin = Sunday or Saturday |
| 7 | to_country_cd | Char3 | Code of Country called |
| 8 | to_connect_dt | YYYYMMDD | Date of Call at Destination |
| 9 | to_connect_tm | HHMM | Time of Call at Destination |
| 10 | to_weekend_ind | Numeric1 | Set if Day Called at Destination = Sunday or Saturday |
| 11 | vacation_ind | Numeric1 | Set if Day Called at origin in {24.12 - 31.12 or 1.7 -31.8} |
| 12 | days_since_last_call_c | Numeric | No of days since Customer called last |
| 13 | destination_typ | Char3 | Type of destination |
| 14 | dest_time_typ | Char1 | Type of time at destination |
| 15 | from_time_typ | Char1 | Type of time at Origin |

Tab. 1: Datensatzbeschreibung der Datei „Gespräche"

Neben Informationen wie Datum und Uhrzeit an Ursprungs- und Zielort enthält die Datei unter anderem auch Kennziffern darüber, ob ein Gespräch am Wochenende oder in der Ferienzeit geführt wurde. Über die Benutzeridentität kann man die Gespräche den jeweiligen Kunden zuordnen. Die Informationen zu den Kunden sind in der Datei „Kunden" zusammengefasst.

| Col No | Column Name | Format | Description |
|---|---|---|---|
| 1 | customer_id | Numeric15 | Internal unique id |
| 2 | billing_country_cd | Char3 | Customer Country Code |
| 3 | bill_acct_typ | Char2 | Credit card type |
| 4 | promo_cd | Char10 | Code of marketing campaign |
| 5 | coprovider_cd | Char2 | Code of coprovider program |
| 6 | establish_dt | YYYYMM | Card acquisition date |
| 7 | gender_cd | Char1 | Customer Gender |
| 8 | zip_cd | Char5 | Zip/Postal Code |
| 9 | city_nm | Varchar | City Name |
| 10 | phone_country_cd | Char3 | Customer Phone Country code |
| 11 | phone_city_no | Varchar | Customer Phone City code |
| 12 | corporate_address_ind | Numeric1 | Set if customer provided a corporate address |
| 13 | adjustment_ind | Numeric1 | Set if customer complained about billing |

Tab. 2: Datensatzbeschreibung der Datei „Kunden"

Für die beiden genannten Dateien werden im Rahmen einer ersten Untersuchung Häufigkeitsverteilungen für verschiedene Merkmalsausprägungen sowie für bestimmte Fallausprägungen einzelner Merkmale betrachtet. Basierend auf dieser Analyse wird eine weitere Datei „Kundenverhalten" erzeugt, die die Grundlage für die spätere Clusteranalyse bildet. Hierbei handelt es sich um eine Datei mit Verhaltensattributen für diejenigen Kunden des Unternehmens, die in dem Beobachtungszeitraum tatsächlich aktiv gewesen sind. Ein Kunde wird als aktiv bezeichnet, wenn er in dem Beobachtungszeitraum zumindest ein Telefonat mit der Calling Card geführt hat. Die Anzahl der aktiven Kunden beträgt 6614.

| Col No | Column Name | Format | Description |
| --- | --- | --- | --- |
| 1 | customer_id | Numeric15 | Internal unique id |
| 2 | call_qty | Numeric | Total number of calls in observation period |
| 3 | months_qty | Numeric | No of active months |
| 4 | avg_calls_per_month_rt | Float | Average call rate per active month |
| 5 | from_country_qty | Numeric | No of different origination countries |
| 6 | avg_duaration_rt | Float | Average call duration rate in seconds |
| 7 | other_destination_pct | Float | Percentage of calls with destination_typ = OTH |
| 8 | to_bus_time_pct | Float | No of calls with dest_time_typ = B / No of calls with dest_time_typ != ? |
| 9 | from_bus_time_pct | Float | Percentage of calls with from_time_typ = B |
| 10 | from_noweekend_pct | Float | Percentage of calls with from_weekend_ind = 0 |
| 11 | to_noweekend_pct | Float | Percentage of calls with to_weekend_ind = 0 |
| 12 | novacation_pct | Float | Percentage of calls with vacation_ind = 0 |
| 13 | incountry_call_pct | Float | Percentage of calls with from_country_cd = to_country_cd |
| 14 | most_freq_3_calls_pct | Float | No of calls to three most frequent called destinations / total no of calls |

Tab. 3: Datensatzbeschreibung „Kundenverhalten"

Da die Datei „Kundenverhalten" die Grundlage für die weitere Analyse bildet, wird diese eingehender beschrieben. Die erste Variable customer_id gibt die eindeutige 15-stellige Benutzeridentität des Kunden an. Die weiteren folgenden Variablen der Datei geben die aggregierten, kundenspezifischen Verhaltensattribute wieder. Die Merkmalsausprägungen sind ausnahmslos quantitativ.

In der Variablen call_qty ist die Gesamtanzahl der geführten Gespräche des Beobachtungszeitraums für jeden Kunden gespeichert. Die Variablen months_qty und avg_calls_per_month_rt geben die Anzahl der aktiven Monate und die durchschnittliche Anzahl der Gespräche pro aktiven Monat[2] wieder. Die Variable from_country_qty beinhaltet die Anzahl der unterschiedlichen Länder, die als Ursprungsländer eines Gesprächs aufgezeichnet werden und die Variable avg_duration_rt gibt die durchschnittliche Gesprächsdauer in Sekunden wieder. Die Variable other_destination_pct gibt den Anteil der Gespräche mit der Ausprägung „OTH" (Other) des Merkmals destination_typ aus der Datei „Gespräche" an allen Gesprächen eines Kunden an. Other bedeutet hierbei, dass der Kunde keine Rufnummer in seinem Heimatland angerufen hat. Die Variablen to_bus_time_pct und from_bus_time_pct geben die Anteilswerte der Telefonate, die am Ziel- bzw. Ursprungsort zur Geschäftszeit geführt wurden, an allen von diesen Kunden geführten Gesprächen wieder. Die Variablen from- und to_noweekend_pct geben Auskunft darüber, wie häufig ein Kunde an Werktagen oder an Wochenenden (zum Wochenende zählen die Tage Samstag und Sonntag) telefoniert hat. Die Variable novacation_pct vermittelt einen Eindruck davon, ob ein Kunde seine Gespräche vornehmlich außer-

---

[2] Ein Monat wird als aktiver Monat eines Kunden bezeichnet, wenn der Kunde in diesem Monat mindestens ein Telefonat geführt hat.

oder innerhalb der Ferien- bzw Urlaubszeit geführt hat. Als vorletzte Variable gibt das Merkmal incountry_call_pct darüber Auskunft, wie hoch der Anteil der Gespräche innerhalb eines Landes ist. Die Variable most_freq_3_calls_pct gibt den Anteil der Gespräche zu den drei am häufigsten gewählten Rufnummern an der Gesamtanzahl der Gespräche an und ermöglicht somit eine Aussage darüber, ob der Kunde seine Gespräche häufig mit den gleichen Gesprächspartnern geführt hat.

Bei der Erstellung der abgeleiteten Datei „Kundenverhalten" in der vorliegenden Form spielen verschiedene Überlegungen eine Rolle, mit der Intention, die Informationen der einzelnen Gespräche zu kundenspezifischen Attributen aufzubereiten und zusammenzufassen, um dadurch ein objektives, nachvollziehbares sowie fehlerfreies Bild des Nutzungsverhaltens der einzelnen Kunden zu erzeugen. Hierbei wird insbesondere auf die Interpretierbarkeit sowie Gültigkeit der neu geschaffenen Variablen ein besonderer Wert gelegt.

## 3.2 Untersuchung mit K-Means-Verfahren

Wie bereits erwähnt, besteht das Ziel der K-Means-Verfahren darin, die Klassifikationsobjekte so zu Clustern zusammenzufassen, dass die Streuung innerhalb der Cluster minimiert wird. Die Berechnung der Clusterzentren erfolgt iterativ.

Für die Durchführung der Clusteranalyse wird das ALMO Statistik-System verwendet (vgl. Holm, K. 1997). Es bietet sechs verschiedene K-Means-Verfahren an, die mit fünf verschiedenen Startwertverfahren beliebig kombiniert werden können (vgl. Bacher, J. 1997). Im Rahmen der Modellprüfung der einzelnen K-Means-Verfahren gibt das ALMO Statistik-System eine Hilfestellung für die Bestimmung der Clusterzahl sowie für die Beurteilung und die Zufallstestung einer bestimmten Clusterlösung.

Für die Segmentierung der Kunden werden die fünf Verhaltensmerkmale call_qty, avg_duration_rt, from_bus_time_pct, novacation_pct und incountry_call_pct als Klassifikationsvariablen benutzt. Der Grund für die Auswahl dieser fünf Variablen ist, dass sie das Verhalten und die Gesprächsinitiative der Kunden am besten charakterisieren, und durch diese Auswahl der mehrfache Einfluss ähnlicher Informationen und eine daraus resultierende Überbewertung einzelner Verhaltensmerkmale verhindert wird. Die anderen Variablen werden mit Ausnahme der customer_id als Deskriptionsvariablen benutzt.

Um das Problem der unterschiedlichen Maßeinheiten der Klassifikationsvariablen zu lösen, werden diese unterschiedlich gewichtet. Durch diese Gewichtung wird eine Anpassung der Wertebereiche der einzelnen Variablen vorgenommen, so dass man davon ausgehen kann, dass die Merkmale mit gleichem Einfluss in die Analyse eingehen. Für das folgende Clusterergebnis wird das Minimaldistanzverfahren für das Varianzkriterium (Forgys Methode) in Verbindung mit dem Startwertverfahren "Quick-Clustering" verwendet (vgl. Bacher, J. 1997). Für die Bestimmung der Clusterzahl ist es eine notwendige Voraussetzung, Clusterlösungen für unterschiedliche Clusterzahlen zu berechnen. Für die Kundensegmentierung werden Clusterlösungen für die Clusterzahlen zwei bis zehn iterativ bestimmt. Neben dem F-MAX-Wert stehen bei der Bestimmung der Clusterzahl noch weitere Maßzahlen und das Elbow-Kriterium zur Verfügung. Aufgrund des größten F-MAX-Wertes und der höchsten prozentuellen Verbesserung gegenüber der vorhergehenden Clusterlösung (PRE) wird die 4-Clusterlösung als „beste" Clusterlösung weiterverfolgt.

Die 4-Clusterlösung ergibt sich nach 29 Iterationsschritten mit einer 61,225%igen Verbesserung des Varianzkriteriums gegenüber der 1-Clusterlösung. Als erster Analyseschritt empfiehlt sich für die 4-Clusterlösung eine Zufallstestung der erklärten Streuung um zu prüfen, ob die gefundene Lösung überzufällig ist (vgl. Bacher, J. 1997). Aus dem Zufallstest mit 20 Experimenten ergibt sich, dass die ermittelte erklärte Streuung der 4-Clusterlösung als überzufällig angesehen werden kann.

Für die Beschreibung und Interpretation der ausgewählten Clusterlösung ist es notwendig, die identifizierten Cluster, die durch ihre Clusterzentren repräsentiert werden, durch die Mittelwerte der Klassifikations- und der Deskriptionsvariablen, die Standardabweichungen und die Besetzungszahlen zu beschreiben. Es gilt, signifikante Abweichungen der Clustermittelwerte von den Gesamtmittelwerten, Unterschiede zwischen den Clustermittelwerten und signifikante Beiträge einzelner Merkmalsvariablen ausfindig zu machen.

| Variable | Cluster 1 | Cluster 2 | Cluster 3 | Cluster 4 | All |
|---|---|---|---|---|---|
| call_qty | 45,2 (89,3) | 30,7 (49,0)*** | 56,5 (114,4)*** | 47,7 (113,6) | 45,7 (99,2) |
| months_qty | 5,5 (5,0)*** | 3,8 (3,1)*** | 4,9 (4,5) | 5,2 (4,9) | 5,1 (4,7) |
| avg_calls_per_month_rt | 6,7 (7,3)*** | 7,7 (9,4) | 10,3 (19,7)*** | 7,1 (7,9)** | 7,5 (10,6) |
| from_country_qty | 2,6 (2,2)*** | 2,0 (1,4)*** | 2,0 (1,3)*** | 2,3 (1,9) | 2,3 (1,9) |
| avg_duration_rt | 5,6 (5,0)*** | 4,7 (3,6)*** | 4,7 (3,5)*** | 4,9 (3,9)* | 5,1 (4,2) |
| other_destination_pct | 39,8 (38,5) | 38,4 (36,1)** | 63,7 (26,9)*** | 33,9 (36,1)*** | 40,9 (37,0) |
| to_bus_time_pct | 60,0 (28,3)*** | 56,2 (27,7)** | 61,9 (23,6)*** | 56,0 (27,3)*** | 58,2 (27,3) |
| from_bus_time_pct | 32,2 (17,2)*** | 60,9 (25,7)*** | 65,4 (21,6)*** | 77,8 (14,7)*** | 58,4 (26,9) |
| from_noweekend_pct | 74,2 (22,0)* | 73,3 (21,0) | 73,2 (21,3) | 72,7 (21,7) | 73,4 (21,6) |
| to_noweekend_pct | 76,5 (22,0) | 75,4 (21,2) | 74,6 (21,0)* | 75,7 (20,8) | 75,8 (21,3) |
| novacation_pct | 90,6 (13,1)*** | 24,6 (20,7)*** | 91,9 (12,8)*** | 91,8 (11,9)*** | 81,8 (27,3) |
| incountry_call_pct | 6,6 (9,9)*** | 17,2 (22,7) | 59,7 (22,0)*** | 7,6 (9,9)*** | 16,3 (23,5) |
| most_freq_3_calls_pct | 74,7 (22,9)*** | 73,1 (23,7) | 63,8 (24,7)*** | 73,9 (22,7)*** | 72,6 (23,5) |
| N | 2197 | 947 | 970 | 2500 | 6614 |

Tab. 4: Statistische Auswertung der 4-Cluster-Lösung

Der Wert in der Tabelle gibt den Clustermittelwert für die jeweilige Variable an, der geklammerte Wert die zugehörige Standardabweichung. Die Sterne weisen auf eine signifikante Abweichung vom Populationsmittelwert hin (***: $P \leq 0,01$; **: $P \leq 0,05$; *: $P \leq 0,1$). Bei den markierten Variablen handelt es sich um die Klassifikationsvariablen.

Zur Beantwortung der Frage, welche Bedeutung die einzelnen Variablen für die Trennung der Cluster haben, wird untersucht, ob sich die Mittelwerte der vier Cluster paarweise unterscheiden. Die statistische Untersuchung, ob Unterschiede zwischen den vier Clustern existieren, wird mit einem t-Test durchgeführt. Bei dem verwendeten Signifikanzniveau von 95% bedeutet „=", dass kein signifikanter Unterschied vorliegt. „>" weist einen signifikant größeren Wert des Bezugsclusters aus und „<" bedeutet, dass das Bezugscluster einen signifikant kleineren Wert hat.

| Variable | Cluster 1 (C1) | | | Cluster 2 (C2) | | | Cluster (C3) | | | Cluster 4 (C4) | | |
|---|---|---|---|---|---|---|---|---|---|---|---|---|
| | C2 | C3 | C4 | C1 | C3 | C4 | C1 | C2 | C4 | C1 | C2 | C3 |
| call_qty | > | < | = | < | < | < | > | > | = | = | > | = |
| months_qty | > | > | = | < | < | < | < | > | = | = | > | = |
| avg_calls_per_month_rt | < | < | = | > | < | = | > | > | > | = | = | < |
| from_country_qty | > | > | > | < | = | < | < | = | < | < | > | > |
| avg_duration_rt | > | > | > | < | = | = | < | = | = | < | = | = |
| other_destination_pct | = | < | > | = | < | > | > | > | > | < | < | < |
| to_bus_time_pct | > | = | > | < | < | = | = | > | > | < | = | < |
| from_bus_time_pct | < | < | < | > | < | < | > | > | < | > | > | > |
| from_noweekend_pct | = | = | = | = | = | = | = | = | = | = | = | = |
| to_noweekend_pct | = | = | = | = | = | = | = | = | = | = | = | = |
| novacation_pct | > | < | < | < | < | < | > | > | = | > | > | = |
| incountry_call_pct | < | < | < | > | < | > | > | > | > | > | < | < |
| most_freq_3_calls_pct | = | > | = | = | > | = | < | < | < | = | = | > |

Tab. 5: Vergleich der Clusterzentren

Um die Stabilität der 4-Clusterlösung zu untersuchen, ist die Clusteranalyse zusätzlich mit dem Minimaldistanzverfahren für das Varianzkriterium (Forgys Methode) und dem Austauschverfahren für das Varianzkriterium (Methode von McQueen) mit jeweils allen fünf Startwertverfahren durchgeführt worden (vgl. Bacher, J. 1997). Für die Eingabe der Startpartition über eine Tabelle ist das 4-Cluster-Ergebnis des hierarchisch agglomerativen Ward-Verfahrens, basierend auf einer 25%igen Stichprobe der Kunden, benutzt worden. Alle zehn verwendeten Modelle geben bei einem Untersuchungsbereich von zwei bis zwanzig Clustern die 4-Clusterlösung als „beste" Clusterlösung aus und unterstützen das vorgestellte Segmentierungsergebnis. So liegt beispielsweise die größte Abweichung der Größe eines identifizierten Clusters unter 2,2%.

Die gesammelten Ergebnisse können nun dazu benutzt werden, eine inhaltliche Beschreibung der gefundenen Kundengruppen zu geben und, darauf aufbauend, das erzielte Ergebnis zu deuten. Die untersuchte 4-Clusterlösung, die sich aufgrund der genannten Kriterien als „beste" Lösung ergeben hat, führt zu einer Einteilung der 6614 Kunden in die beiden größeren Cluster C1 und C4 mit 2197 bzw. 2500 Kunden und in die beiden kleineren Cluster C2 und C3 mit 947 bzw. 970 Kunden. Bei der folgenden Beschreibung der einzelnen Cluster werden die wichtigsten Verhaltensweisen der Kunden herausgestellt, die die Gruppe von den anderen Gruppen trennt, die deutlichen Unterschiede zur Gesamtpopulation aufweisen und dadurch das Charakteristische dieser Gruppe ausmachen. Zu beachten ist, dass es sich bei den betrachteten Clusterzentren um Mittelwerte handelt und man gegebenenfalls die Standardabweichung bei der Beschreibung und Interpretation der Gruppen berücksichtigen muss.

Die Kundengruppe „International traveller" (Cluster C1):

- Die Gespräche dauern länger als die Gespräche in den anderen drei Clustern.

- Die Kundengruppe führt mit durchschnittlich 32% bedeutend weniger Gespräche zur Business-Zeit als die drei anderen Gruppen (61%, 65%, 78%).

- Der Anteil der Gespräche innerhalb eines Landes ist mit 7% kleiner als in den anderen Gruppen.

- Die Anzahl verschiedener Länder, aus denen die Gespräche geführt wurden, ist am größten.

Die Kundengruppe „Vacation traveller" (Cluster C2):

- Die Anzahl der Gespräche ist niedriger als in den anderen Kundengruppen.

- Der Anteil der Gespräche innerhalb der Urlaubszeit liegt mit 75% deutlich über den Werten der anderen Cluster. Der Anteil liegt in der Gesamtpopulation bei 18%.

- Die Anzahl der aktiven Monate ist besonders niedrig.

- Der Anteil der Ausreißer ist unter den vier Gruppen am höchsten. Dies ist ein Zeichen für eine geringe Homogenität der zweiten Kundengruppe.

Die Kundengruppe „Incountry (frequent) user" (Cluster C3):

- Die Anzahl der Gespräche ist unter allen vier Gruppen am größten.

- Als besonderes Merkmal der Kundengruppe 3 ist der sehr hohe Anteil von 60% bei Inlandsgesprächen anzusehen.

- Einen besonders hohen Wert weist die Gruppe mit 10,28 Gesprächen pro aktiven Monat auf.

- Der Anteil der Gespräche, die der Kunde nicht in sein Heimatland geführt hat, ist besonders hoch.

- Der Anteil der Gespräche zu den drei am häufigsten gewählten Nummern liegt signifikant (64%) unter den Werten der anderen Cluster (75%, 73%, 74%).

Die Kundengruppe „Business traveller" (Cluster C4):

- Die Kundengruppe 4 hat mit 78% einen höheren Anteil der Gespräche zur Geschäftszeit als die anderen Cluster.

- Ebenso wie bei den Gruppen C1 und C3 liegt der Anteil der Gespräche außerhalb der Urlaubszeit mit 92% signifikant über dem Populationsmittel (82%) bei einer geringeren Standardabweichung.

- Der Anteil der Gespräche innerhalb eines Landes ist mit 8% ähnlich gering wie im Cluster C1.

- Der Anteil der Gespräche, die nicht mit einem Gesprächspartner in dem Heimatland des Kunden geführt wurden, ist niedriger als die entsprechenden Werte der anderen Gruppen.

## 3.3 Untersuchung mit einem dichte-basierten Ansatz

Für die Durchführung der dichte-basierten Clusteranalyse wird eine Demoversion des Clusterprogramms GDBSCAN benutzt (vgl. GDBSCAN 1998). Als Klassifikationsvariablen werden die sechs Variablen call_qty, avg_duration_rt, from_bus_time_pct, from_noweekend_pct, novacation_pct und incountry_call_pct benutzt. Die Gewichtung der Variablen wird wie bei der Durchführung der Clusteranalyse mit den K-Means-Verfahren beibehalten.

Vor dem eigentlichen Clustervorgang erzeugt die Funktion „Create Rstar-Tree" eine $R^*$-Baumstruktur (vgl. Beckmann, N. et. al. 1990) auf der Datei „Kundenverhalten". Nach dem Öffnen der neu geschaffenen Datei bietet GBDSCAN die Möglichkeit zur Visualisierung der Daten.

Die Visualisierung stellt eine recht homogene Punktwolke von Objekten unten links im Bild dar, wobei um diese deutlich erkennbare Gruppe herum einige Ausreißer liegen.

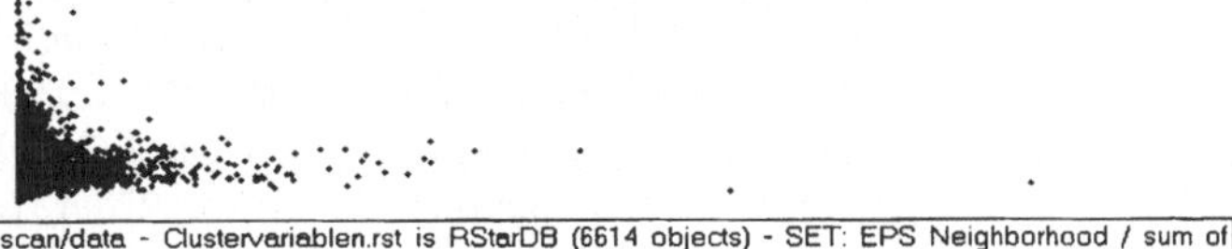


Abb. 1: Visualisierung der Kundendaten

Die dichte-basierte Segmentierung folgt dem Vorgehen des Algorithmus DBSCAN folgendermaßen (vgl. Ester, M. et. al. 1996):

Bei der Auswahl der Klassifikationsparameter (Cluster Setup) werden als gewichtete Mächtigkeitsfunktion die Funktion Mächtigkeit (cardinality) und als Nachbarschaftsdefinition die Eps-Nachbarschaft (Eps-Neighborhood) mit der einfachen euklidischen Distanz ausgewählt. Für den Parameter MinCard wird der Wert 35 eingesetzt. MinCard gibt den Wert für die minimale Mächtigkeit der Menge der Punkte in der Eps-Umgebung an, wobei der Wert 35 gewählt wird, um einen möglichen Single

Linkage-Effekt zu verhindern. Die Bestimmung von Eps für die Eps-Nachbarschaft erfolgt über ein heuristisches Verfahren unter Einbezug des k-Distance-Plot (vgl. Sander, J. et al. 1998), in dessen Berechnung alle 6614 Kundendatensätze einfließen.

Für den Wert Eps = 12,26 ergeben sich vier unterschiedliche Kundengruppen. Bei diesem Clusterversuch werden 4390 Kunden auf die vier Cluster verteilt, 2224 Kunden bleiben unklassifiziert. DBSCAN hat mit 4234 Kunden ein sehr großes Cluster identifiziert, die drei anderen Cluster mit 58, 51 und 47 Kunden lassen sich vernachlässigen.

Dieses erste Clusterergebnis legt die Vermutung nahe, dass der Algorithmus DBSCAN durch seinen dichte-basierten Nächste-Nachbarn-Ansatz nicht in der Lage ist, unterschiedliche Cluster in den Kundendaten zu entdecken. Zur Prüfung dieser Vermutung werden noch zwei weitere Clusterversuche mit einem größeren und einem kleineren Eps-Wert unternommen. Als Ergebnis bei der Wahl des größeren Werts Eps = 24,19 ergibt sich ein großes Cluster mit 6398 Kunden. Die restlichen 216 Kunden werden nicht klassifiziert. Bei dem dritten Clusterversuch ergeben sich drei kleine Cluster, die unklassifizierten Objekte haben in diesem Fall einen Anteil von ca. 94%.

Anhand dieser Ergebnisse wird deutlich, dass der dichte-basierte Ansatz über die Nächste-Nachbarn-Abfragen nicht geeignet ist, unterschiedliche Gruppen in den Verhaltensdaten zu erkennen, sondern dass die Tendenz zur Bildung eines großen Clusters besteht. Ähnliche Ergebnisse wurden auch bei den Clusterversuchen mit anderern MinCard-Werten erzielt. Dieses Resultat wird durch die Betrachtung des k-Distance-Plot unterstützt, da der Graph weder deutliche Knicke, Täler oder Lücken erkennen lässt. Solche Knicke bzw. Sprungstellen können sich im Falle einer Clusterstruktur herausbilden und sind somit ein Ansatzpunkt für die Trennung unterschiedlicher Cluster. DBSCAN führt für die betrachteten Daten zu keiner sinnvollen Segmentierung.

## 3.4 Untersuchungen mittels „Demographic Clustering"

Für die Segmentierung mittels „Demographic Clustering" wird die Funktion „Demographic Mining" des Intelligent Miner for Data benutzt. Der Intelligent Miner for Data ist eine umfassende Data Mining-Lösung von IBM, die sich durch die Integration verschiedener Tools zur Datenbearbeitung, statistischen Analyse und Visualisierung auszeichnet. Für die Entdeckung von Clustern in einer Menge von Objekten stellt der Intelligent Miner unter anderem die Funktion „Demographic Mining" zur Verfügung. Das Resultat der Clusterfunktion enthält die Anzahl der entdeckten Cluster und die charakteristischen Merkmale, die die Clusterpopulation prägen. Darüber hinaus gibt das Clusterresultat Informationen über die Merkmalsverteilung in den einzelnen Gruppen und über die Bedeutung der einzelnen Variablen für die Cluster.

Für das „Demographic Clustering" wird die Datei „Kundenverhalten" benutzt. Darüber hinaus fließen einige Variablen der Datei „Kunden" als Deskriptionsvariablen mit in die Analyse ein. Auf eine Transformation oder Gewichtung der Ausgangsdaten wird aufgrund des spezifischen Gruppenbildungsverfahrens verzichtet, da eine Vergleichbarkeit der Maßeinheiten der Variablen für den Algorithmus nicht gefordert ist. Stattdessen ist es notwendig, die betrachteten Variablen, vor der eigentlichen Clusterphase genauer zu definieren und zu spezifizieren. Hierbei ist es notwendig, den Datentyp der einzelnen Variablen zu bestimmen. Für die Visualisierung der Merkmale und die Behandlung von Ausreißern ist es notwendig, ein Intervall für den Wertebereich der einzelnen Variablen und eine Unterteilung dieses Intervalls in Teilintervalle vorzunehmen.

Im Folgenden werden nun die Vorgehensweise und die Spezifikation vorgestellt, die zu nachfolgender Clusterlösung geführt haben, ohne diese intensiv zu diskutieren und ohne dabei auf mögliche Veränderungen und Variationen einzugehen. Die Variablen des Datentyps „continuous" werden mit der Technik „Standard deviation range" in zehn äquidistante Teilintervalle zerlegt, wobei der Wertebereich als $\delta$-Umgebung um den Mittelwert festgelegt wird (vgl. IBM 1998). Für die Clusteranalyse werden die Ausreißer durch den minimalen bzw. maximalen Wert des Wertebereichs ersetzt. Es wurde der optionale Übergang zu scharfen Intervallgrenzen gewählt.

Nach dieser Spezifizierungsphase der Objekte findet der eigentliche Clustervorgang statt. Als Klassifikationsvariablen werden die drei Variablen incountry_call_pct, from_bus_time_pct und novacation_pct benutzt. Die Ähnlichkeit von zwei Objekten bzgl. einer Variablen wird über die Standardabweichung bestimmt. Die Clusterzahl (Maximum clusters) wird mit dem Wert 4 vorgegeben und der Ähnlichkeitsschwellenwert (Similarity threshold) wird bei 0,65 festgelegt.

Durch die beschriebene Wahl der Clusterparameter ergibt sich folgendes Clusterergebnis:

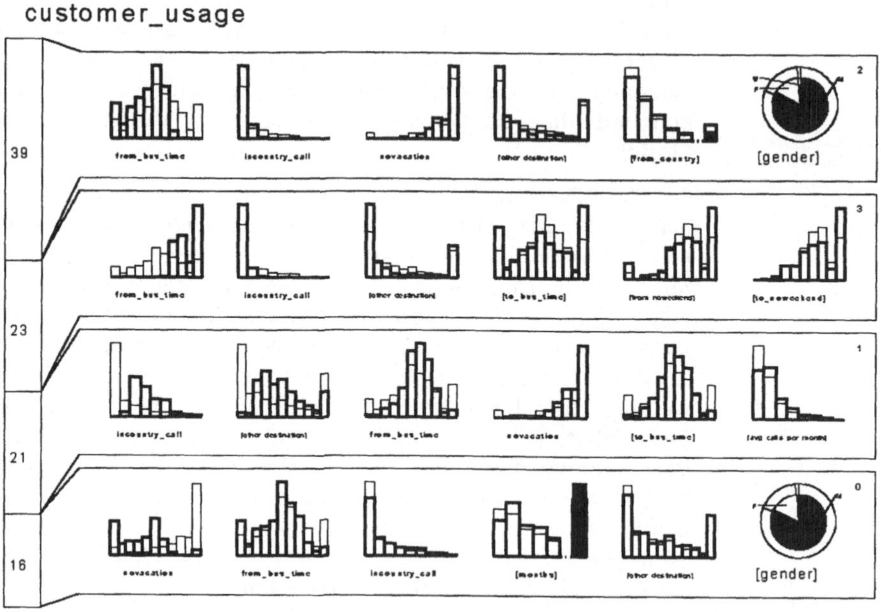

Abb. 2: Clusterergebnis mittels „Demographic Clustering"

Am linken Rand ist der Anteil des jeweiligen Clusters an der Gesamtpopulation in Prozent angegeben, am rechten Rand steht die Cluster-ID. Um bei der Darstellung die Klassifikationsvariablen von den Deskriptionsvariablen unterscheiden zu können, werden die Namen der Deskriptionsvariablen eingeklammert. Die Darstellung der Verteilung der Clusterpopulation für die einzelnen Variablen geschieht durch Balkendiagramme, gemäß der zuvor ausgewählten Technik. Zur besseren Visualisierung der Unterschiede zwischen der Cluster- und der Gesamtpopulation wird das Balkendiagramm der Clusterpopulation transparent vor das ausgefüllte Diagramm der Gesamtpopulation gezeichnet. Die Reihenfolge der Merkmale gibt die Bedeutung der Variablen für das jeweilige Cluster wieder. Zur Bestimmung der Reihenfolge bzw. der Bedeutung der Variablen innerhalb der Cluster benutzt der Intelligent Miner einen $\chi^2$-Test (vgl. Grabmeier, J.; Rudolph, A. 1998).

Das größte identifizierte Cluster hat die Cluster-Id 2, es besteht aus 2565 Kunden (38,78%) und hat einen Wert von 0,7059 für das Kriterium von Condorcet, als Maßzahl sowohl für die Homogenität des Clusters als auch die Trennung von den anderen Clustern (vgl. Grabmeier, J.; Rudolph, A. 1998). Die weiteren Cluster besitzen 1541, 1421 bzw. 1087 Objekte und haben die Werte 0,6872, 0,6057 bzw. 0,4359 für das Kriterium von Condorcet.

Das Ergebnis des Clustervorgangs beruht auf einer Vielzahl von Eingabeparametern, wie der Festlegung der Ähnlichkeitsabstände oder der Behandlung von Ausreißern, die das Clusterresultat stark beeinflussen. Für die statistische Validierung der Clusterlösung ist nur das Kriterium von Condorcet betrachtet worden. Ein Vergleich unterschiedlicher Ergebnisse, die auf unterschiedlichen Voraussetzungen beruhen, ist schwierig, weshalb auf eine weiter gehende Interpretation des Ergebnisses und intensivere statistische Untersuchung verzichtet wird.

## 3.5    Zusammenfassung der Untersuchungsergebnisse

Zu Beginn der Untersuchungen gab es keinen triftigen Grund, ein in Abschnitt 2 beschriebenes Verfahren den anderen Verfahren vorzuziehen. Die ersten Untersuchungen wurden mit dem Single Linkage- und dem Ward-Verfahren, zwei hierarchisch agglomerativen Clusterverfahren, mit der quadrierten euklidischen Distanz als Distanzmaß durchgeführt. Die Berechnungen waren allerdings nur für eine 25%ige bzw. 50%ige Zufallsstichprobe der 6614 Kunden möglich, da für eine Segmentierung aller Kunden der vorhandene Arbeitsspeicher des Rechners nicht ausreichend war. Für die Clusterung der 3308 Kunden der 50%igen Stichprobe lassen sich folgende Aussagen festhalten:

- Das Single Linkage-Verfahren führt genauso wie der Algorithmus DBSCAN zur Bildung eines sehr großen Clusters, wobei sich zwischenzeitlich neben diesem großen identifizierten Cluster keine anderen nennenswerten Cluster bilden.

- Bei der Clusteranalyse mittels Ward-Verfahren für die 50%-Zufallsstichprobe entsprechen die Clusterzentren der 4-Clusterlösung recht genau den Clusterzentren der K-Means-Verfahren.

Bei der weiteren Analyse des Kundenverhaltens konnte man recht schnell erkennen, dass die K-Means-Verfahren für die quantitativen Variablen zu einer „stabileren" Clusterung und einer eingängigeren Interpretation führen würden als die Verfahren DBSCAN und „Demographic Clustering". Aus diesem Grund ist der Großteil der Untersuchungen für die K-Means-Verfahren durchgeführt worden. Neben einer Variation der Gewichtungen der einzelnen Variablen wurde die Clusteranalyse mit unterschiedlichen Klassifikationsvariablen durchgeführt. Diese Variation der Klassifikationsmerkmale führte in den meisten Fällen zu einem ähnlichen Ergebnis wie die dargestellte 4-Clusterlösung, wobei sich vor allem die kleineren Cluster eindeutig identifizieren ließen. Es traten aber auch abweichende Klassifikationen auf, die größtenteils keine sinnvolle Interpretation zuließen.

Auch bei der Gewichtung der Clustervariablen wurden unterschiedliche Möglichkeiten getestet. Hierbei wurde die empirische Standardisierung der Klassifikationsvariablen und das Minimaldistanzverfahren mit gewichteter quadrierter euklidischer Distanz als Distanzmaß verwendet. Als Gewichtungskriterien wurden die Varianzen der Klassifikationsvariablen und die Kovarianzmatrix der Klassifikationsmerkmale (Mahalanobisdistanz) benutzt (vgl. Bacher, J. 1997). Für die verschiedenen Gewichtungsverfahren konnte keine stabile Clusterlösung nachgewiesen werden, die sich unabhängig von dem verwendeten Startwertverfahren ergeben hat. Dennoch haben die Untersuchungen zu einer deutlichen Unterstützung der beschriebenen Clusterlösung beigetragen, da sich die vier Cluster in den meisten Resultaten identifizieren ließen. All dies kann als Indiz dafür angesehen werden, dass es sich bei den vier identifizierten Clustern nicht um eine aufoktroyierte Struktur handelt, sondern um eine den Daten inhärente Klassifizierung.

# Literaturverzeichnis


Bacher, J.: „Clusteranalyse: anwendungsorientierte Einführung", Oldenbourg, München u.a. 1996.

Bacher, J.: „Almo Statistik-System: Clusteranalyse" - P 36, P37, Johannes Kepler Universität Linz, Abteilung für Empirische Sozialforschung 1997.

Backhaus, K. et al.: „Multivariate Analysemethoden: eine anwendungsorientierte Einführung", 8. Aufl., Springer, Berlin u. a. 1996, Seite 261 ff.

Beckmann, N. et al.: „The -tree: An efficient and robust access method for points and rectangles", in: „Proceedings of the ACM SIGMOD International Conference on Management of Data, Atlantic City", New Jersey 1990, S. 322-331.

Berekoven, L. et al.: „Marktforschung: methodische Grundlagen und praktische Anwendung", 6. Aufl., Gabler, Wiesbaden 1993.

Berrigan, J.; Finkbeiner, C.: „Segmentation marketing: new methods for capturing business markets", HarperCollins Publishers, New York 1992.

Bock, H. H.: „Automatische Klassifikation", Vandenhoeck & Ruprecht, Göttingen 1974.

Bock, H. H.: „Statistische Testverfahren im Rahmen der Clusteranalyse", in: Dahlberg, I.; Schader, M. R. (Hrsg.): „Automatisierung in der Klassifikation", Proceedings (Teil 1) der 7. Jahrestagung der Gesellschaft für Klassifikation e.V. 5.-8. April 1983, Indeks Verlag, Frankfurt/M. 1983.

Bock, H. H.: „Classification and Clustering: Problems for the Future", in: Diday, E. et al. (Hrsg.): „New Approaches in Classification and Data Analysis", Springer, Berlin u. a. 1994.

Bock, H. H.: „Probability Models and Hypotheses Testing in Partitioning Cluster Analysis", in: Arabie, P., Hubert, J.; De Soete, G. (Hrsg.): „Clustering and Classification", World Scientific Publications, River Edge 1996.

Brachman, R. J.; Khabaza, T.; Kloesgen, W.; Piatetsky-Shapiro, G.; Simoudis, E.: „Mining Business Databases", in: *Communications of the ACM,* 39 (1996) Heft 11, S. 42-48.

Ester, M. et al.: „A Density-Based Algorithm for Discovering Clusters in Large Spatial Databases with Noise", in: „Proceedings of the 2nd International Conference on Knowledge Discovery and Data Mining (KDD-96)", 1996.

Ester, M. et al.: „Clustering for Mining in Large Spatial Databases", in: *Künstliche Intelligenz (1998) Heft 1, Themenheft Data Mining*, Scientec Publishing 1998, S. 18 - 24.

Everitt, B. S.: „Cluster Analysis", 2. Aufl., London, John Wiley & Sons 1980.

Feist, J.: „Data Mining in der Praxis", in: *Künstliche Intelligenz (1998) Heft 1, Themenheft Data Mining*, Scientec Publishing 1998, S. 6-10.

Freter, H.: „Marktsegmentierung",. Kohlhammer Edition Marketing, Stuttgart u.a. 1983.

GDBSCAN, Fachbereich Informatik Universität München: GDBSCAN - Description.

Grabmeier, J.; Rudolph, A.: „Techniques of Cluster Algorithms in Data Mining", version 2.0, Heidelberg, IBM Informationssysteme GmbH 1998.

Grimmer, U.; Mucha, H.-J.: „Datensegmentierung mittels Clusteranalyse", in: Nakhaeizadeh, G. (Hrsg.): „Data mining: theoretische Aspekte und Anwendungen", Physica-Verlag, Heidelberg 1998.

Guha, S.; Rastogi, R.; Shim, K.: „CURE: An Efficient Clustering Algorithm for Large Databases", in: „Proceedings of the ACM SIGMOD International Conference on Management of Data", Seattle, Washington 1998, S. 73 - 84.

Holm, K.: „ALMO Statistik-System Handbuch: Bedienungsanleitung", Johannes Kepler Universität Linz, Abteilung für Empirische Sozialforschung 1997.

Hüttner, M.: „Grundzüge der Marktforschung", 5. Aufl., Oldenbourg, München, Wien 1997.

IBM International Business Machines Corporation (Hrsg.): „Using the Intelligent Miner for Data", USA 1998.

Jain, A. K.; Dubes, R. C.: „Algorithms for Clustering Data", Prentice Hall, New Jersey 1988.

Kaufman, L.; Rousseeuw, P. J.: „Finding groups in data: an introduction to cluster analysis", Wiley, New York u. a. 1990.

Kaufmann, H.; Pape, H.: „Clusteranalyse", in: Fahrmeir, L.; Hamerle, A.; Tutz, G. (Hrsg.): „Multivariate statistische Verfahren", de Gruyter, Berlin u.a. 1996, Seite 437 ff.

Kroeber-Riel, W.; Weinberg, P.: „Konsumentenverhalten", 6. Aufl., Vahlen, München 1996.

Kühnapfel, J. B.: „Telekommunikations-Marketing - Design von Vermarktungskonzepten auf Basis des erweiterten Dienstleistungsmarketing", Gabler, Wiesbaden 1995.

Meffert, H.: „Marketing: Grundlagen marktorientierter Unternehmensführung", 8. Aufl., Gabler, Wiesbaden 1998.

Meiser, T.; Humburg, S.: „Klassifikationsverfahren", in: Erdfelder, E. et al. (Hrsg.): „Handbuch Quantitative Methoden", Psychologie Verlags Union, Weinheim 1996, Seite 279 ff.

Moosbrugger, H.; Frank, D.: „Clusteranalytische Methoden in der Persönlichkeitsforschung: eine anwendungsorientierte Einführung", in: „taxometrische Klassifikationsverfahren", 1. Aufl., Huber, Bern u. a. 1992.

Sander, J. et al.: „Density-Based Clustering", in: „Spatial Databases: The Algorithm GDBSCAN and Its Applications", in: Fayyad, U. M. (Hrsg.): „Data Mining and Knowledge Discovery" Heft 2, Kluwer Academic Publishers, Boston 1998.

Schüring, H.: „Database-Marketing: Einsatz von Datenbanken für Direktmarketing, Verkauf und Werbung", Verlag Moderne Industrie, Landsberg 1991.

Späth, H.: „Cluster-Analyse-Algorithmen zur Objektklassifizierung und Datenreduktion", 2. Aufl., Oldenbourg, München, Wien 1975.

Steinhausen, D.; Langer, K.: „Clusteranalyse: Einführung in Methoden und Verfahren der automatischen Klassifikation" 1. Aufl., de Gruyter, Berlin, New York 1977.

Wietzorek, H.; Henkel, G.: „Data Mining und Database Marketing: Grundlagen und Einsatzfelder", in: Link, J. et al. (Hrsg.): „Handbuch Database Marketing", Ettlingen: IM Fachverlag Marketing-Forum 1997, S. 236-250.

Wolf, T.: „Marketing-Konzeption für Telekommunikationssysteme", Gabler, Wiesbaden 1995.

Zait, M.; Messatfa, H.: „A comparativ study of clustering methods", in: *Future Generation Computer Systems (1997)*, Heft 13, Elsevier Science B.V. 1997, S. 149 – 159.

Zentes, J.: „EDV-gestütztes Marketing: ein informations- und kommunikationsorientierter Ansatz", Springer, Berlin u. a. 1987.

# Kapitel 8:

# Einsatz von Case-Based Reasoning zur Kundenunterstützung im Internet

Dipl.-Wirtschaftsmath. Markus Pfuhl

Institut für Wirtschaftsinformatik

Philipps-Universität Marburg

Universitätsstraße 24

35032 Marburg

pfuhl@wiwi.uni-marburg.de

# Inhaltsverzeichnis

# Einsatzpotentiale von CBR zur Kundenunterstützung im Internet

Das Internet hat sich zu einem Marktplatz entwickelt, auf dem nicht nur Informationen ausgetauscht, sondern auch Produkte und Dienstleistungen angeboten und verkauft werden. Viele Unternehmen, die als Anbieter auftreten, sind bemüht, ihr Internetangebot durch interaktive Beratungs- und Serviceleistungen zu verbessern. Eine Technologie, um solche Dienste anbieten zu können, ist Case-Based Reasoning (CBR). Im Bereich der Kundenunterstützung bei Problemen mit erworbenen Produkten (Support) weist CBR bereits erste Erfolge auf. Das bekannteste Beispiel aus diesem Bereich ist das Internetangebot für den Bereich Computerspiele der LucasArts Entertainment Company. Das seit Ende 1995 bestehende interaktive Supportsystem dient dazu, Kunden bei der Problemlösung zu unterstützen und damit telefonische oder schriftliche Anfragen beim Hersteller zu vermeiden. Das CBR-basierte System beantwortet ca. 81% der Kundenanfragen selbständig und erledigt damit die Arbeit von über 30 Mitarbeitern des firmeneigenen Call-Centers (vgl. Inference 1999). Allgemein lässt sich der Einsatz des Internets zur Kundenunterstützung in drei Bereiche unterteilen (vgl. Lenz, M. 1999):

- Verkaufsvorbereitung (Pre-Sales): Der potentielle Kunde wird mit allen benötigten Informationen über die Produkte oder Dienste des Unternehmens versorgt. Dieser Bereich des e-Commerce wird sehr häufig durch elektronische Produktkataloge unterstützt. Eine weitere Möglichkeit ist der Einsatz eines elektronischen Produktkonfigurators. Diese häufig regelbasierten Assistenten dienen dazu, den Kunden bei der Zusammenstellung des gewünschten Produkts zu unterstützen. Sie verhindern, dass Komponenten, die sich gegenseitig ausschließen, gemeinsam eingesetzt werden und empfehlen dem Kunden weitere Optionen zur Verbesserung seiner Auswahl (vgl. Rust, U. 1998).

- Verkauf (Sales): Der Verkäufer und der Kunde verhandeln über die Produkte und Dienstleistungen, insbesondere über Preise, Rabatte, Lieferbedingungen usw. In den meisten laufenden Anwendungen besteht der Bereich des Verkaufs aber nur aus einer einfachen Bestellmöglichkeit (zu Kaufverhandlungen im Internet vgl. Beam, C.; Segev, A. 1996).

- Verkaufsnachbearbeitung (After-Sales): Nachdem ein Kunde ein Produkt gekauft oder eine Dienstleistung in Anspruch genommen hat, benötigt er häufig weitere Unterstützung. Verschiedene Internet-Dienste können für diesen Kundendienst genutzt werden (Alpar, P. 1998). Die einfachste Möglichkeit stellt die Bereitstellung von Antworten auf häufig gestellten Fragen (Frequently Asked Questions, FAQ) auf den Unternehmenswebseiten dar. Um in der Verkaufsnachbearbeitung einen elektronischen Assistenten einzusetzen, muss ein recht hoher Aufwand betrieben werden. Dennoch gehört dieser Bereich zu den klassischen Einsatzgebieten von CBR. Dabei kommen vom CBR-gestützten Dokumentenmanagement, wie z.B. der intelligenten Suche in FAQs (vgl. Lenz, M. et al. 1998), bis hin zum Call-Center mit CBR-Technologie (vgl. Acorn T. L.; Walden, S. H. 1992) eine Vielzahl von Anwendungen zum Einsatz.

# 2 Einführung in Case-Based Reasoning

Case-Based Reasoning oder fallbasiertes Schließen ist ein Teilbereich der künstlichen Intelligenz (KI), der versucht, einen Teil des menschlichen Problemlösens nachzubilden. Es ist ein Konzept zum Lösen neuer Probleme durch Anpassen der Lösungen früherer, ähnlicher Probleme. Das zugehörige Programm wird als Case-Based Reasoner bezeichnet. Als Definition eines Case-Based Reasoners soll die klassische Definition von Riesbeck und Schank (1989) dienen:

*A case-based reasoner solves new problems by adapting solutions that were used to solve old problems.*

Diese Definition beruht auf zwei grundlegenden Annahmen über das zu untersuchende Problemfeld (vgl. Leake, D. B. 1996): Man geht davon aus, dass ähnliche Probleme auch ähnliche Lösungen besitzen. Daher sind Lösungen für alte Probleme ein guter Ansatzpunkt, um neue Probleme zu lösen. Des Weiteren stößt man häufig auf Probleme, die ähnlich wie bereits gelöste strukturiert sind. Deshalb kann man davon ausgehen, dass man die Erfahrung von früheren Fragestellungen zur Lösung neuer nutzen kann.

## 2.1    Vorteile von CBR

Es gibt viele Beispiele, in denen CBR, ohne es explizit so zu bezeichnen, angewandt wird. So stellt z.B. ein Arzt seine Diagnose, indem er die Symptome eines Patienten mit denen früherer Patienten vergleicht und die alten Lösungen durch sein Fachwissen an die neue Situation anpasst. Dadurch wird ein Hauptunterschied zum regelbasierten Schließen deutlich. Es wird nicht anhand bestimmter Regeln eine Lösung gesucht, sondern anhand der Ähnlichkeit zu früheren Fällen. Das setzt voraus, dass man das neue Problem charakterisieren kann, indem man seine Eigenschaften bestimmt und die vorhandene Problemlösung, deren Ausgangsproblem dem neuen am ehesten entspricht, als Lösungsansatz wählt (vgl. Riesbeck, C. K.; Schank, R. C. 1989). Allgemein kann man die fünf nachfolgenden Vorteile von CBR gegenüber anderen Techniken der KI anführen (vgl. Leake, D. B. 1996 und Stolpmann, M.; Wess, S. 1998):

**Geringerer Wissensakquisitionsaufwand**

Wissensbasierte Systeme speichern Wissen häufig in Regeln oder Wissensmodellen. Es ist im Allgemeinen aber schwierig, solche Regeln zu extrahieren; z.B. gelangt man zu einer unüberschaubaren Zahl von Regeln oder es ist unmöglich, das Wissen in Regeln zu fassen. Fallbasierte Systeme hingegen verringern diesen Wissensakquisitionsaufwand erheblich. So fällt es z.B. Experten leichter, über frühere Fälle zu berichten, als ihr gesamtes Wissen in Regeln auszudrücken. Simoudis und Miller (1991) beschreiben die Entwicklung zweier Expertensysteme zur Diagnose von Abstürzen des Betriebssystems VMS und kommen zu dem Ergebnis, dass die Entwicklung mittels CBR-Technologie in dieser Wissensdomäne neun mal schneller als die Umsetzung mit regelbasierten Ansätzen ist.

**Wartung des im System vorhandenen Wissens**

Da die Definition eines wissensbasierten Systems nur der erste Schritt für eine KI-Anwendung ist, besteht, insbesondere in sehr dynamischen Einsatzgebieten, die Notwendigkeit zur Wartung des Systemwissens. Bei regelbasierten Systemen erfordert dies den erneuten Einsatz von Experten und die wiederholte Umsetzung des Expertenwissens in Regeln. Bei Fallbasen müssen jedoch nur die neuen Fälle in das System mit aufgenommen werden. Diese Pflege können auch Laien durchführen.

**Erhöhung der Effizienz beim Problemlösen**

In fallbasierten Systemen wird nicht versucht, jedes Problem grundlegend neu zu lösen, sondern durch Anpassung einer früheren Lösung eine neue zu erzeugen. Dadurch gelangt man häufig einfacher und effizienter zu einer Lösung als durch die Konstruktion einer vollständig neuen Lösung des Problems. Diese Aussage wird auch von zwei Untersuchungen, davon eine aus dem Bereich der Kreditwürdigkeitsprüfung, bestätigt (vgl. Woltering, A.; Wess, S. 1996 und Wilke, W. et al. 1996).

**Erhöhung der Qualität einer Problemlösung**

In praktischen Anwendungen ist es durchaus üblich, KI-Systeme in Problembereichen einzusetzen, die nicht vollständig verstanden sind. Selbst Experten können dann keine in sich geschlossenen und konsistenten Regeln zur automatischen Problemlösung angeben. In solchen Gebieten können die von CBR-Systemen vorgeschlagenen Lösungen wesentlich genauer sein als die aus regelbasierten Systemen, denn Fälle reflektieren das, was tatsächlich passiert ist.

**Erhöhte Benutzerakzeptanz**

Ein zentrales Problem in der Entwicklung erfolgreicher KI-Systeme ist die Benutzerakzeptanz. Bei regelbasierten Systemen oder solchen, die Neuronale Netze einsetzen, ist dem Benutzer häufig nicht deutlich zu machen, woher die Lösung kommt. Diese Erklärungsfähigkeit ist aber notwendig, um dem Benutzer das nötige Vertrauen in die vom System erstellten Ergebnisse zu geben. In CBR-Systemen können dem Benutzer die früheren, ähnlichen Fälle dargestellt und so der Lösungsweg verdeutlicht werden.

## 2.2    Was ist ein Fall?

Bevor im nachfolgenden Kapitel die Details von CBR erläutert werden, ist es notwendig, eine Definition des Begriffs Fall (Case) zu liefern. Die folgenden vier Grundsätze sollen als Grundlage dieser Definition dienen (vgl. Kolodner, J. L. 1993):

1. Ein Fall repräsentiert spezifisches, zu einem bestimmten Gebiet gehörendes Wissen. Er speichert operatives Wissen.

2. Fälle können in verschiedenen Formen und unterschiedlichem Umfang auftreten. Sie können kleine oder große Zeiträume umfassen, Lösungen und Probleme oder Ergebnisse und Situationen einander zuordnen.

3. In einem Fall werden Erfahrungen abgelegt. Insbesondere werden Informationen, die sich von den erwarteten unterscheiden, gespeichert, wobei aber nicht alle Unterschiede so wichtig sind, dass sie festgehalten werden müssen. Jeder Fall, der uns eine nützliche Information liefert, ist es wert, aufgezeichnet zu werden.

4. Ob eine Information nützlich ist, hängt davon ab, ob sie hilft, die Ziele der Anwendung des Case-Based Reasoners in Zukunft leichter zu erreichen oder ob sie Fehler aufzeigen kann.

Diese Prinzipien führen schließlich zu einer allgemeinen Definition (vgl. Kolodner, J. L. 1993):

*Ein Fall (Case) ist ein kontextbezogener Wissensausschnitt, der eine Erfahrung repräsentiert, die Informationen zur Erreichung der grundlegenden Ziele der Anwendung des Case-Based Reasoners liefert.*

Natürlich ist ein Fall nur spezifisches Wissen. Ein intelligentes System benötigt aber auch Generalisierungen aus diesem speziellen Wissen und sog. Domänenwissen, denn nur so kann eine umfassende Problemslösungsfähigkeit erreicht werden. Unter Domänenwissen versteht man problemfeldbezogene Informationen, z.B. muss ein Physiker die Gesetze der Mechanik kennen, um ein Experiment auswerten zu können.

# 3    Die Phasen des CBR-Zyklus

Die Funktionsweise eines CBR-Systems wird anhand des CBR-Zyklus von Aamodt und Plaza (1994) dargestellt. Der CBR-Zyklus ist ein Modell, das die wichtigsten Teilaufgaben des CBR darstellt und die Interdependenzen zwischen ihnen verdeutlicht. Die nachfolgenden vier Prozesse sind die wesentlichen Ablaufschritte:

1. Retrieve: Suche die zum neuen Problem ähnlichsten Fälle in der Fallbasis.

2. Reuse: Adaptiere die gefundenen Fälle und bilde daraus eine Lösung für das neue Problem.

3. Revise: Überprüfe und repariere die gefundene Problemlösung.

4. Retain: Speichere den neuen Fall und seine Lösung in der Fallbasis zur weiteren Verwendung.

Ein neues Problem wird also mit Fällen in der Fallbasis verglichen, und einer oder mehrere ähnliche Fälle werden extrahiert. Die aus diesen Fällen erzeugte Lösung wird dem neuen Problemfeld angepasst, überprüft und gegebenenfalls als neuer Fall in der Fallbasis gespeichert. Dieser Zyklus läuft ohne menschliches Eingreifen ab. In der Praxis agieren jedoch CBR-Systeme häufig als Retrieval- und Reuse-Systeme, während die Anpassung von Lösungen durch Benutzereingriffe erfolgt (Watson, I. 1997).

Wie in Abbildung 1 dargestellt wird, geht neben dem speziellen, in Fällen gespeicherten Wissen, auch ein generelles Wissensmodell des betrachteten Problemgebiets mit ein. Nach Richter (1995) besteht ein CBR-System aus vier verschiedenen Wissenscontainern. Der Erste ist das sog. Vokabular, d.h. die Attribute, aus denen die Fälle bestehen. Der zweite Container enthält die Ähnlichkeitsmaße, der dritte die Fallbasis, und im vierten werden Informationen über die Transformation der Lösung gespeichert. Diese Betrachtungsweise macht deutlich, wie stark das Wissensmodell auf die einzelnen Phasen des CBR-Zyklus einwirkt.

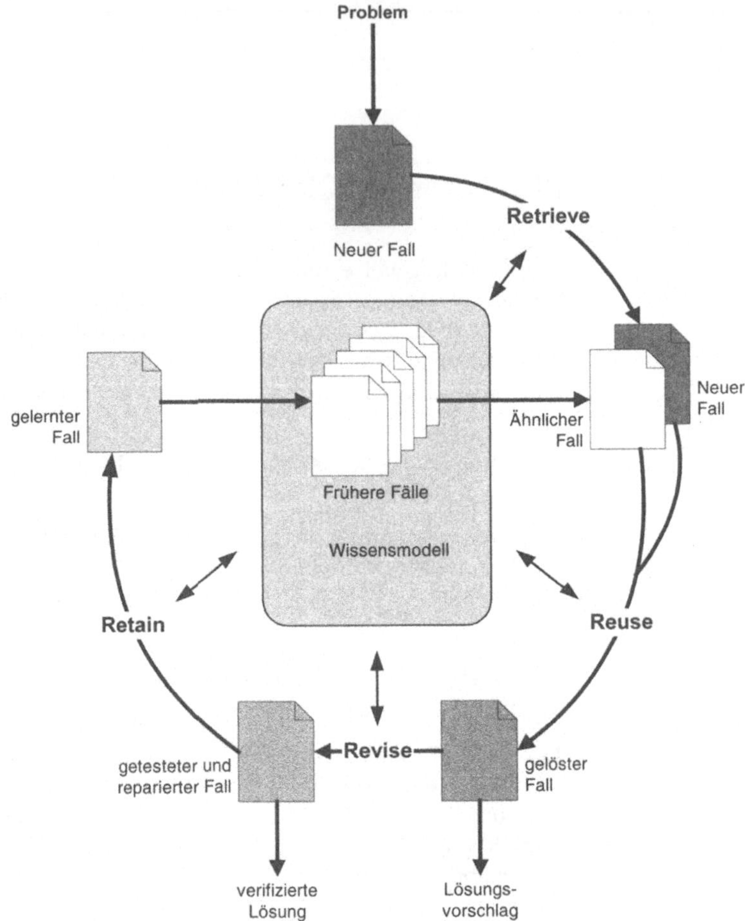


Abb. 1: Der CBR-Zyklus von Aamodt und Plaza (1994)

## 3.1 Retrieval Phase

Die Retrieval-Phase des CBR-Zyklus sucht einen oder mehrere Fälle aus der Fallbasis, die dem neuen Fall am ehesten entsprechen. Der genaue Ablauf dieser Phase ist eng verknüpft mit der Art und Weise der Fallrepräsentation und mit dem Indizierungsmechanismus in der Fallbasis. Generell benutzen aber kommerzielle CBR-Tools das Nearest-Neighbour-Verfahren (vgl. Cover, T. M.; Hart, P. E. 1967) und Retrieval mittels Induktion (vgl. Watson, I. 1997). Ein Fall wird durch einen $m+k$-dimensionalen Vektor $d=(x_{Problem}, x_{Lösung})$ beschrieben, in welchem sowohl die Problembeschreibung als auch die Problemlösung gespeichert wird, wobei $m=dim(x_{Problem})$ und $k=dim(x_{Lösung})$ ist. Für die Betrachtung der Verfahren in der Retrieval-Phase genügt es, den Vektor $A = x_{Problem}$ zu betrachten.

Zur Messung der Ähnlichkeit zwischen zwei Fällen werden Distanz- und Ähnlichkeitsmaße herangezogen. Der Unterschied zwischen diesen besteht in der Interpretation von Ähnlichkeit. Zwei Fälle sind umso ähnlicher, je größer der Wert des Ähnlichkeitsmaßes bzw. je kleiner der Wert des Distanzmaßes ist (eine ausführliche Diskussion von Distanz- und Ähnlichkeitsmaßen sowie deren Transformation findet sich in Kaufmann, H.; Pape, H. 1996 und in Richter, M. M.; Wess, S. 1991).

Bei der Darstellung von Ähnlichkeit zwischen zwei Fällen muss man zwischen lokaler und globaler Ähnlichkeit unterscheiden. Lokale Ähnlichkeitsmaße dienen dazu, die Ähnlichkeiten zwischen den einzelnen Attributen der Fälle zu bestimmen. Sie sind abhängig vom Skalenniveau der Attribute und werden häufig auf das Intervall [0,1] normiert. Die globalen Ähnlichkeitsmaße berechnen aus diesen Einzelbetrachtungen die Ähnlichkeit der Fälle. Wird z.B. mit SIM$(A,B)$ ein globales, wobei $A=(a_1,...,a_m)$, $B=(b_1,...,b_m)$, und werden mit $sim_i(a_i,b_i)$ lokale Ähnlichkeitsmaße bezeichnet, dann kann man die Ähnlichkeit zwischen den zwei Fällen $A$ und $B$ bestimmen aus:

$$\text{SIM}(A,B) = f\big(\text{sim}_1(a_1,b_1),...,\text{sim}_m(a_m,b_m)\big),$$

wobei $f: [0,1]^m \to [0,1]$ und $sim_i: D_i \times D_i \to [0,1]$, wenn $D_i$ der Wertebereich von Attribut $i$ ist. Man kann die Nearest-Neighbour-Verfahren sowohl für metrische als auch für kategoriale Merkmale anwenden, unter der Voraussetzung, dass das Ähnlichkeitsmaß sinnvoll definiert ist. Für eine tiefergehende Betrachtung wird auf Todeschini (1989) und Fahrmeir et al. (1996) verwiesen.

Ein Spezialfall der Ähnlichkeitsbetrachtung tritt bei objektorientierten Fallbasen ein, wie sie auch die später verwendete Software benutzt. Diese Form der Ähnlichkeitsbestimmung wird ausführlich in Bergmann und Stahl (1998) beschrieben.

Die einfachste und in kommerziellen CBR-Tools am häufigsten benutzte Anwendung des Nearest-Neighbour-Konzepts besteht in der Bestimmung des oder der nächsten Nachbarn. Dazu wird der Abstand des neuen Falls zu den in der Fallbasis gespeicherten alten Fällen mittels der vorher beschriebenen Ähnlichkeitsmaße bestimmt, wobei man durch den Einsatz gewichteter Ähnlichkeitsmaße einzelnen Attributen eine unterschiedliche Wichtigkeit zuordnen kann (vgl. Kolodner, J. L. 1993). Diese so bestimmten Nachbarn werden dann als Ausgangspunkt für eine neue Lösung benutzt.

Bei diesem Verfahren steigt allerdings der Rechenaufwand linear mit der Anzahl der Fälle in der Fallbasis an. Allgemein werden drei Möglichkeiten zur Verbesserung der Retrieval-Phase vorgeschlagen (vgl. Skalak, D. B. 1993). Die erste beruht darauf, die Fälle der Fallbasis in einer speziellen Struktur zu speichern und somit eine Beschleunigung zu erzielen. Dieses kann man z.B. mit $k$-$d$-Bäumen erreichen. Die zweite Möglichkeit besteht im Einsatz von Parallelrechnern, da der Vorgang der Ähnlichkeitsbestimmung sehr gut parallelisierbar ist. In Fallbasen, in denen es nicht notwendig ist, alle Fälle miteinander zu vergleichen, bietet sich die Möglichkeit an, die Anzahl der Fälle mit denen man vergleichen muss, zu reduzieren, d.h. man nimmt eine Klassifikation der Fälle vor. Ein Versuch, dieses Verfahren umzusetzen, sind z.B. die Condensed-Nearest-Neighbour-Regel (Hart, P. E. 1968) oder die Reduced-Nearest-Neighbour-Regel (Gates, G. W. 1972), die versuchen die Geschwindigkeit des Retrieval zu erhöhen. Eine weitere Möglichkeit, die Zahl der Vergleiche zu reduzieren, ist der Einsatz von Prototypen. Man versucht, eine Klasse von Fällen zu erzeugen, die wiederum selbst zur Klassifikation neuer Fälle eingesetzt werden kann. Um die richtigen Fälle zu extrahieren, wird innerhalb dieser Klasse ein Vergleich durchgeführt. Zur Erzeugung dieser Klassifikationsbasis kommen häufig die Instance-Based-Learning-Algorithmen (Aha, D. W. et al. 1991) zum Einsatz.

| 3.2 | **Adaption von Fällen** |
|-----|-------------------------|

Der Vorgang der Adaption im CBR-Zyklus verändert die in der Retrieval-Phase extrahierten Fälle, so dass sie möglichst vielen Bedingungen der neuen Situation entsprechen. Die dazu benötigten Adaptionsstrategien sind sehr stark vom Problemfeld abhängig. In kommerziellen CBR-Systemen kommt häufig keine Adaption zum Einsatz. Wissenschaftliche CBR-Systeme, die auch produktiv eingesetzt werden, benutzen hingegen die verschiedensten Adaptionstechniken. Eine ausführliche Auflistung, welche Techniken in welcher Anwendung zum Einsatz kommen, findet sich bei Hanney et al. (1995).

## 3.3   Überarbeitung einer gefundenen Lösung

Aus den ersten beiden Schritten des CBR-Zyklus (Retrieval und Adaption) erhält man einen auf das aktuelle Problem angepassten Lösungsvorschlag. Dieser muss nun auf seine Eignung zur Problemlösung überprüft und evtl. nachgebessert werden. Die Überprüfung einer Lösung erfolgt häufig außerhalb des CBR-Systems, d.h. die Lösung wird auf das Problemgebiet angewandt. Während der Überprüfung können Fehler aufgedeckt werden. In der nach dieser Evaluationsphase einsetzenden Reparaturphase wird die Lösung so weit verändert, dass die Probleme weitestgehend behoben werden. Danach kann die Lösung direkt in die Fallbasis übernommen oder einer erneuten Evaluation unterzogen werden.

Die Überarbeitung einer gefundenen Lösung ist ähnlich zur Adaption, mit dem Unterschied, dass man nicht eine alte Lösung an ein neues Problem anpasst, sondern dass man eine Lösung anhand eines Fehlerprotokolls bearbeitet. Daher hat man auch ähnliche Schwierigkeiten, einen automatischen Reparaturmechanismus zu entwickeln. Häufig wird deshalb die Evaluation von Experten oder direkt in der Anwendung durchgeführt und die dabei gefundenen Fehler dem System mitgeteilt.

## 3.4   Lernen von neuen Fällen

Als letzter Schritt des CBR-Zyklus wird die verifizierte Lösung gespeichert, d.h. gelernt, wobei auch falsche Lösungen übernommen werden können, um in Zukunft einen Fehler nicht zu wiederholen. Es besteht weiterhin die Möglichkeit, dass von Experten erstellte Trainingsfälle in die Fallbasis aufgenommen werden, um die Effizienz und Kompetenz des Systems auf diesem Weg zu erhöhen. Zusätzlich zum Speichern der Lösung können Informationen über die Lösungsanpassung und gegebenenfalls eine modifizierte Ähnlichkeitsbewertung gespeichert werden (vgl. Stolpmann, M. und Wess, S. 1998). Je nachdem, wie die Fallbasis organisiert ist, muss zusätzlich zum Lernen von Fällen die Indizierung in der Fallbasis geändert bzw. aktualisiert werden.

Man kann ein Case-Based-Reasoning-System dahingehend erweitern, dass man, zusätzlich zum Lernen aus neuen Fällen, verschiedene Lerntechniken anwendet, welche die einzelnen Komponenten des Systems verbessern, z.B. kann eine Kontrollinstanz zur Überprüfung der gelernten Fälle eingeführt werden (vgl. Kolodner, J. L.; Leake, D. B. 1996). Erweitert man sein System in diesem Sinne, kann man eine Verbindung zum Case-Based Learning (CBL) oder anderen Lernverfahren herstellen. CBL-Systeme sind gut für Aufgaben des überwachten Lernens geeignet, wobei das System zuerst eine Trainingsmenge abarbeitet und anschließend zur Vorhersage bestimmter Werte eingesetzt werden kann.

# 4 Produktkonfiguration mit CBR bei variantenreicher Produktion

Die hier vorgestellte CBR-Anwendung basiert auf einem Projekt für ein mittelständisches Unternehmen der kunststoffverarbeitenden Industrie. Diese international tätige Firma stellt Heißkanalkomponenten für die Spritzguss-Verarbeitung von Kunststoffen her. Zurzeit umfasst das Angebotsprogramm ca. 1.000 verschiedene Heißkanalsysteme, die sich durch mehrere Attribute beschreiben lassen. Das Unternehmen verfügt intern über eine Datenbank, in der alle seit einem bestimmten Zeitpunkt gefertigten Systeme mit ihren Spezifikationen gespeichert sind. Im Zuge der Ausweitung und Aufwertung des firmeneigenen Internetauftritts wurde nach Lösungen gesucht, den potentiellen Kunden der Firma eine Möglichkeit zu bieten, diese Datenbank zu nutzen. Der Kunde soll in die Lage versetzt werden, sich vor der persönlichen Kontaktaufnahme mit einem Außendienstmitarbeiter über ähnliche, bisher gelieferte Heißkanalsysteme zu informieren und z. B. eine technische Zeichnung des entsprechenden Systems aus dem Internetangebot zu entnehmen. Als Lösung dient ein auf Ähnlichkeitsbeziehungen beruhender elektronischer Assistent, dem die Kunden ihre Daten übermitteln, und der mittels CBR-Technologie die ähnlichsten Datensätze in der Produktdatenbank sucht.

## 4.1 Vorhandene Daten und deren Transformation

Die im Unternehmen vorhandenen Daten beschreiben anhand von 29 Attributen einige Parameter, die bei der Herstellung eines Heißkanalsystems zu beachten sind. Beispielsweise muss der verwendete Kunststofftyp beachtet werden, mit dem das Heißkanalsystem benutzt wird. Weiterhin liegen Informationen über das Produkt vor, das mit dem Heißkanalsystem gespritzt werden soll, wie z.B. Gewicht und Wandstärke. Zusätzlich werden noch spezielle Informationen (z.B. Anzahl der verwendeten Heißkanaldüsen) über das Heißkanalsystem selbst gespeichert. Als Beispiel sei der Flammschutz des verwendeten Kunststoffs betrachtet. Das Attribut Flammschutz kann die Ausprägungen {Nein, Ja,

V0, V1, V2} haben, wobei {Ja} ein Oberbegriff zu {V0, V1, V2} ist. In der vorhandenen Datenbank treten aber unterschiedliche Bezeichnungen für die verschiedenen Ausprägungen auf. Daher wird zur Transformation eine Liste verwaltet, mit der die Werte in der Datenbank in die Struktur des CBR-Systems übertragen werden. Wie beim Attribut „Flammschutz" müssen auch bei anderen Attributen umfangreiche Transformationen durchgeführt werden. Insbesondere bei Feldern, die nicht vollständig ausgefüllt sind (Missing Value Problem), wird ein entsprechender Vermerk in den Daten gemacht. Zur Transformation werden die Originaldaten in Access eingelesen und mittels eines Visual Basic Programms verändert.

## 4.2 Erstellung der CBR-Anwendung mit CBR-Works

Zur Erstellung einer lauffähigen CBR-Anwendung wurde auf ein kommerzielles Softwaresystem zurückgegriffen, um nicht die gesamte CBR-Funktionalität neu erstellen zu müssen. Nach der Durchsicht verschiedener CBR-Tools fiel die Wahl auf CBR-Works in der Version 4.0 der tecInno GmbH, Kaiserslautern. Grund dafür ist die mögliche Anbindung an vorhandene Datenbanken, die weitestgehende Unterstützung des CBR-Zyklus und die Möglichkeit, CBR-Works sowohl als eigenständige Lösung als auch als Server für eine Internetanwendung zu betreiben.

In CBR-Works unterscheidet man drei Bereiche: Konzepte, Ähnlichkeiten und die Fallbasis. Die Konzepte definieren die Struktur eines Falls, d.h. es wird festgelegt, welche Attribute den Fall auszeichnen, welche Datentypen den einzelnen Attributen zugewiesen werden und mit welcher Gewichtung die Attribute in die globale Ähnlichkeit einfließen. Im Bereich der Ähnlichkeiten werden für die Datentypen lokale Ähnlichkeitsmaße bestimmt. Dazu stehen verschiedene Möglichkeiten zur Verfügung, diese zu modellieren. In der Fallbasis werden die aus der Datenbank importierten Fälle verwaltet. Die folgenden Abschnitte beschreiben die Funktionalität der einzelnen Bereiche und deren Anwendung auf das vorliegende Anwendungsproblem.

## 4.2.1 Konzept

Zur Festlegung der Struktur eines Falls müssen alle Attribute, der Datentyp, denen sie zugeordnet werden (und damit das zugehörige lokale Ähnlichkeitsmaß), sowie deren Gewichtung für die globale Ähnlichkeit bestimmt werden. Als globales Ähnlichkeitsmaß dient die gewichtete Euklidische Distanz, d.h.

$$\mathrm{SIM}(A,B) = \left[ \sum_{i=1}^{m} \omega_i \cdot \left[ \mathrm{sim}_i(a_i, b_i) \right]^2 \right]^{\frac{1}{2}} \text{ mit } \omega_i = \frac{\alpha_i}{\sum_{j=1}^{m} \alpha_j},$$

wobei $\alpha_i \geq 0, i = 1, \ldots, m, m = 29$ die Gewichtung des Attributs $i$ im Gesamtkonzept bezeichnet. Das Konzept besteht aus 29 verschiedenen Attributen.

### 4.2.2    Ähnlichkeiten

CBR-Works bietet umfassende Möglichkeiten, die Ähnlichkeit für ein Attribut zu modellieren. Man unterscheidet die einzelnen Attribute nach dem ihnen zugeordneten Datentyp, wobei neben den Standarddatentypen, wie z.B. Integer und Real, auch ein Datentyp zur Verwaltung von Taxonomien bereit steht. Eine Taxonomie ordnet die möglichen Ausprägungen eines Attributs in einer Baumstruktur so an, dass eine abgestufte Ähnlichkeit zu realisieren ist. Die Datentypen selbst werden in einer objektorientierten Struktur verwaltet. So kann man zu jedem Datentyp einen oder mehrere Kind-Datentypen hinzufügen, um einige Eigenschaften speziell anzupassen. Zur Anpassung der Ähnlichkeitsmaße gibt es verschiedene vordefinierte Ähnlichkeiten, wie z. B. lineare Funktionen mit und ohne Sprungstellen für numerische Attribute. Bei nominalen Variablen stehen insbesondere symmetrische und unsymmetrische Ähnlichkeitstabellen zur Verfügung. Die flexibelste Möglichkeit besteht darin, eine eigene Ähnlichkeitsfunktion in Smalltalk zu programmieren.

In der beschriebenen Anwendung kommen alle erwähnten Möglichkeiten zur Anwendung. Bei der Modellierung der Ähnlichkeiten kommt das Fachwissen der Mitarbeiter zum tragen. Als Beispiele seien die Ähnlichkeiten für den im System verwendeten Kunststofftyp (vgl. Abbildung 2) und für den Flammschutz dargestellt (vgl. Tabelle 1). Der in Abbildung 2 dargestellte Ausschnitt der Baumstruktur für die Taxonomie des Kunststofftyps vermittelt einen Eindruck der Verwendung von Bäumen zur Ähnlichkeitsbestimmung. Die Söhne eines Elements (z.B. die Söhne von „PB_") haben untereinander die in Klammern angegebene Ähnlichkeit (im Beispiel 0,5). Die Söhne von „PBTP_" haben untereinander eine Ähnlichkeit von 0,75. Kommt es zu einem Vergleich von Vater und Söhnen bieten sich verschiedene Optionen, die Ähnlichkeit zu bestimmen. Man kann den Vater als Verallgemeinerung der Söhne auffassen und damit eine Ähnlichkeit von 1 (100%) zuordnen. Alternativ kann man auch von einer unsicheren Zuordnung eines Sohnes zu seinem Vater ausgehen. Damit bringt man zum Ausdruck, dass man sich nicht sicher ist, welcher Sohn dem Vater am ehesten entspricht. Am Beispiel des Kunststofftyps bedeutet dies, dass man nicht mit Sicherheit sagen kann, ob „Arnitet" oder „Crastin" der Kundenauswahl am nächsten kommt, wenn dieser „PBTP" ausgewählt hat. Auf die genaue Betrachtung solcher Ähnlichkeitsbeziehungen soll hier verzichtet werden. Ausführlich wird dieses Thema z.B. bei Bergmann und Stahl (1998) behandelt.

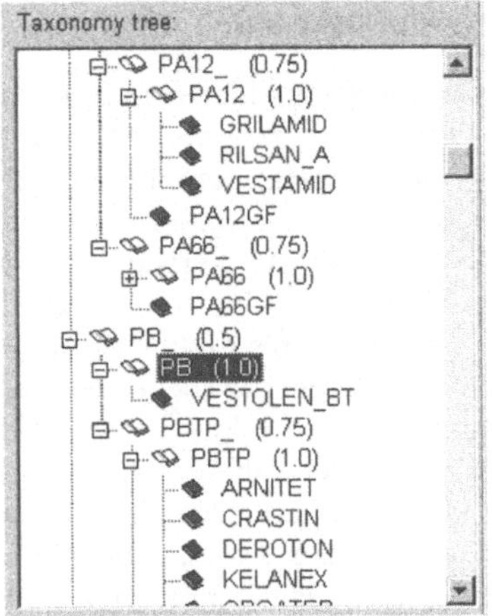


Abb. 2: Taxonomie für das Attribut Kunststofftyp

| q | c → | | | | | |
| ↓ | NN | Nein | Ja | V0 | V1 | V2 |
|---|---|---|---|---|---|---|
| NN | 1,0 | 1,0 | 1,0 | 1,0 | 1,0 | 1,0 |
| Nein | 0 | 1,0 | 0 | 0 | 0 | 0 |
| Ja | 0 | 0 | 1,0 | 1,0 | 1,0 | 1,0 |
| V0 | 0 | 0 | 0,5 | 1,0 | 0,8 | 0,6 |
| V1 | 0 | 0 | 0,5 | 0,8 | 1,0 | 0,8 |
| V2 | 0 | 0 | 0,5 | 0,6 | 0,8 | 1,0 |

Tab. 1: Ähnlichkeitstabelle für das Attribut Flammschutz

In der Ähnlichkeitstabelle für den Flammschutz bezeichnet q den vom Kunden eingegebenen Fall, die sog. Query, und c einen Fall in der Fallbasis; NN bezeichnet einen nicht-eingegebenen

Fall. In den Feldern der Tabelle kann die Ähnlichkeit von Query und Case abgelesen werden. Die Darstellung mittels einer Ähnlichkeitstabelle anstelle einer Taxonomie wurde gewählt, um die Ähnlichkeit zwischen Ausprägungen einer Ebene (V0, V1, V2) explizit festlegen zu können.

### 4.2.3 Fallbasis

Die Fallbasis in CBR-Works dient zur Verwaltung und Wartung der im CBR-System vorhandenen Fälle. Es werden alle Fälle mit ihren Ausprägungen für die einzelnen Attribute gespeichert. Weiterhin besteht die Möglichkeit, Fälle in einem Puffer zu speichern und diese aus der Menge der verwendeten Fälle zu entfernen, z. B. um sie zu verifizieren oder abzuändern. Damit ist eine Bearbeitung der Fallbasis im laufenden Betrieb möglich. In der hier vorliegenden Anwendung stammen die Fälle aus einer bereits vorhandenen Datenbank. Diese kann über die Open Database Connectivity (ODBC) Schnittstelle angesprochen werden. Dabei werden keine direkten Anweisungen an die Datenbank geschickt, sondern ODBC dient als Schnittstelle zwischen dem Database Management System (DBMS) der verwendeten Datenbank und CBR-Works.

### 4.3 Anwendungsarchitektur

CBR-Works bietet die Möglichkeit, über das Common Gateway Interface (CGI) mit einem Internetserver zu kommunizieren. Die Definition der Benutzerschnittstelle wird stark vom Anwendungsumfeld bestimmt. Durch den Einsatz des CBR-Systems über das Internet kommuniziert der Nutzer über einen Internetbrowser mit der Anwendung. Die dazu notwendige Internetseite soll von möglichst vielen Browsern auf unterschiedlichen Betriebssystemplattformen darstellbar sein und enthält deshalb keine Erweiterungen in Java oder ActiveX. Es wird allerdings ein Javascript benötigt, welches die Benutzereingaben überprüft, um eine Eingabe von Werten außerhalb des möglichen Wertebereichs zu verhindern. Die Internetseite ist ein HTML-Formular, das die eingetragenen Werte beim Absenden an die in Abbildung 3 dargestellten Programme übermittelt.

Nachdem die eingegebenen Werte verarbeitet wurden, erhält der Nutzer eine Ergebnisseite. Diese ist in Form einer Tabelle aufgebaut und enthält alle relevanten Informationen über die in der Fallbasis gefundenen ähnlichen Fälle. Der Nutzer hat die Möglichkeit, von dieser Seite über einen Link zu einem Foto des angefertigten Artikels bzw. zu einer Skizze oder Zeichnung des kunststoffverarbeitenden Systems zu gelangen. Die erste Spalte der Tabelle enthält den vom Nutzer eingegebenen Fall, um diesen mit den aus der Fallbasis extrahierten Fällen vergleichen zu können. Zu diesem Zweck wird in der ersten Zeile der Tabelle zusätzlich ein berechneter Ähnlichkeitswert angegeben. Die Ergebnisseite wird dynamisch erzeugt, besteht bei ihrer Übermittlung zum Client aber nur aus reinem HTML-Code. Zur Bereitstellung einer CBR-Works-Anwendung im Internet muss eine spezielle Serveranwendung ausgeführt werden. Diese kommuniziert mit CBR-Works in der Case-Query-Language (CQL, vgl. tecInno 1999).

Zur weiteren Verwendung der Daten, die von potentiellen Kunden während des Abfragevorgangs in das Formular eingegeben werden, z.B. für die interne Auswertung der Kundenanfragen, müssen die einzelnen Werte der Formularfelder in einer sog. Log-Datei gespeichert werden. Die nächstliegende Lösung, diese Daten aus der Log-Datei des Internetservers zu extrahieren, erwies sich als nicht durchführbar, da einige Server wegen einer beschränkten Anzahl von Zeichen pro Eintrag nicht alle Informationen speichern können. Die Lösung besteht aus dem Programm Cgi2Log, welches die Daten des CGI-Skripts abfängt und in eine Datei schreibt.

In Abb. 3 wird das Zusammenspiel der beschriebenen Komponenten erläutert. Der potentielle Kunde des Unternehmens öffnet über das Internet mittels eines Webbrowsers die Eingabeseite. Auf dieser kann er alle ihm bekannten Werte eintragen und die Abfrage starten. Die Daten werden über CGI an die Programme CQLConnect und Cgi2Log übergeben, die ihrerseits die Daten an den CQL-Server weitergeben und eine Log-Datei erzeugen. Der CQL-Server kommuniziert mit CBR-Works, welches die Ähnlichkeitsberechnungen und die Suche in der Fallbasis durchführt. Das Ergebnis wird wieder über den CQL-Server an CQLConnect übermittelt und mittels einer HTML-Vorlage in eine Internetseite umgewandelt, die dem Browser des potentiellen Kunden zugesandt wird. Dieser kann die Ergebnisse lesen und sich durch Zeichnungen, Skizzen und Fotos über einzelne Produkte informieren. Auf Firmenseite kann über Microsoft Access und ODBC die Fallbasis aus der Originaldatenbank aktualisiert werden. Die von den Nutzern eingegebenen Rahmenbedingungen können aus der Log-Datei ausgelesen und weiterverarbeitet werden.

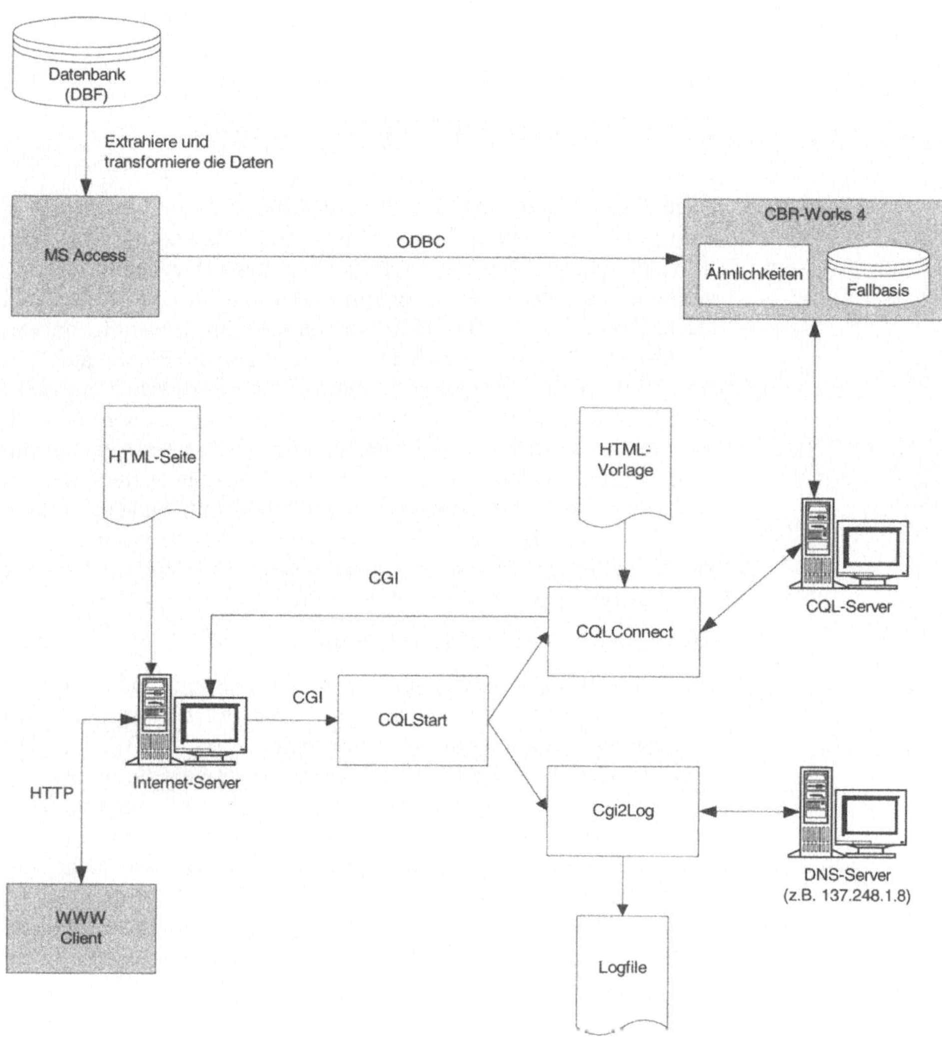


Abb. 3: Übersicht über die Module der Anwendung

# 5   Abschließende Betrachtung von CBR

Nach einer Darstellung des Themas CBR und der Umsetzung in eine praktische Anwendung soll in diesem Kapitel eine kritische Würdigung von CBR vorgenommen werden. Dazu kann die Frage gestellt werden, welche Erwartungen man in CBR gesetzt hat. Mark, Simoudis und Hinkle (1996) nennen im Wesentlichen vier Punkte, die charakteristisch für Erwartungen in Bezug auf CBR sind: Effizientes Lösen von Problemen, automatisches Anwachsen der Fallbasis und damit des Wissens, Einsatz in nicht vollständig verstandenen Wissensdomänen und Verringerung der Kosten zur Konstruktion einer Anwendung. Die ersten drei Erwartungen, die eine gewisse Ähnlichkeit mit den genannten Vorteilen von CBR aufweisen, werden vor dem Hintergrund der Erfahrung kritisch hinterfragt. Die Kostenersparnis wird in der Literatur beschrieben (vgl. z.B. Simoudis, E.; Miller, J. 1991).

**Effizientes Lösen von Problemen**

Die Betrachtung der Effizienz bei der Erreichung einer Problemlösung wird stark davon beeinflusst, welchen Lösungsgrad man als ausreichend anerkennt und wie viele Lösungsalternativen zur Verfügung stehen. Kann man eine neue Fragestellung mit der Lösung eines anderen Problems beantworten, bietet sich mit dem k-Nearest-Neighbour-Konzept ein sehr gutes Werkzeug, um diese Aufgabe effizient zu lösen. Dieses Konzept ist zwar nicht neu, denn es ist in der Statistik seit den 50er Jahren bekannt, aber die Umsetzung in einem fallbasierten Umfeld verspricht erhebliche Vorteile. Die Attribute der Fälle können modelliert werden und man erhält die Möglichkeit, über die Definition der Ähnlichkeiten, Fachwissen in das Verfahren einfließen zu lassen. Schwierig wird die Einschätzung der Effizienz in komplexen Anwendungsgebieten, die eine Anpassung der Lösung erfordern. Insbesondere in diesen Bereichen, in denen Adaption nötig ist, besteht ein erheblicher Verbesserungsbedarf der heutigen Systeme. Dabei sollte allerdings die Adaption generell überdacht werden. Kann die Anpassung mit wenigen Regeln vorgenommen werden, dann ist ein einfacher Adaptionsmechanismus sinnvoll. Ist dies nicht der Fall, so wird auch die Implementierung eines Adaptionsmoduls sehr schwierig. Man gelangt dabei zu allen Problemen, die auch klassische Expertensysteme aufweisen, denn zur Anpassung muss ein Expertensystem in ein CBR-System integriert werden. Viel versprechend sind in dieser Hinsicht die verschiedenen Bayesschen Ansätze (Tirri, H. et al. 1996 und Kontkanen, P. et al. 1997) und die Verwendung von Case-Based CBR (Leake, D. B. et al. 1995 und 1997). Diese kritische Einschätzung der Adaption wird auch von Riesbeck (1996) bestätigt, der Adaption häufig als überflüssig ansieht, da der ursprüngliche Fall oft genauso hilfreich sei, wie ein leicht veränderter.

**Automatisches Anwachsen der Fallbasis**

Durch das Lernen von neuen Fällen kann das im System vorhandene Wissen tatsächlich sehr leicht erweitert werden. Dabei ist allerdings darauf zu achten, dass die Qualität der Fallbasis nicht schlechter wird. Bevor aber überhaupt neue Fälle hinzugenommen werden können, muss eine Fallbasis erzeugt werden. An dieser Stelle scheint eine weitere Schwierigkeit von CBR-Systemen zu liegen, denn die Qualität der Datenbasis ist entscheidend für die Leistungsfähigkeit der CBR-Anwendung. Häufig besteht aber in Unternehmen der Bedarf, vorhandene Datenbanken zu nutzen. In solchen Fällen liegt ein Großteil der Arbeit zur Erstellung einer Anwendung in der Aufbereitung der Datenbank, wie es auch in der beschriebenen Anwendung der Fall ist. Hat man aber eine gute Fallbasis und ein sinnvolles Konzept, um neue Fälle in diese zu integrieren, so wird das System mit zunehmender Laufzeit immer leistungsfähiger.

**Einsatz in nicht vollständig verstandenen Wissensdomänen**

In nicht vollständig verstandenen Wissensdomänen sind CBR-Systeme gut zu verwenden. Es muss allerdings gewährleistet sein, dass bei der Erstellung der Anwendung genügend Fachwissen genutzt werden kann. Dieses wird nicht benötigt, um die Schlussfolgerungen des Systems zu erzeugen, sondern, um ein Wissensmodell mit Ähnlichkeitsbeziehungen, Gewichten usw. aufzustellen. Ist ein Wissensmodell einmal erstellt, kann das System auch von Laien genutzt und gewartet werden. Dann sind auch keine Experteneingriffe mehr notwendig, außer zur Festlegung von Adaptions- und Lernstrategien. Der größte Vorteil von CBR in diesen Einsatzgebieten ist aber, dass nicht genau festgelegt sein muss, welche Zusammenhänge bei einem gegebenen Problem zu einer Problemlösung geführt haben.

Abschließend bleibt, noch einen Blick auf die Zukunft von CBR zu tätigen, wobei vier, von Aha (1998) beschriebene, Trends kurz dargestellt werden sollen. Aha vertritt die Meinung, dass der

Bereich der Help-Desk- und Self-Service-Anwendungen weiterhin ein sehr wichtiges Einsatzfeld von CBR sein wird. Dabei wird das Hauptaugenmerk darauf gerichtet, die Anforderungen an den Nutzer so weit wie möglich zu verringern, die Problemlösungskapazität zu vergrößern und Lernstrategien einzusetzen, um die Nutzerpräferenzen zu modellieren.

Der zweite von Aha postulierte Trend ist der Einsatz von CBR zum Information Retrieval. Da Fälle eine strukturierte Form der Information darstellen, ist CBR ein gutes Verfahren, um die großen Mengen unstrukturierter Informationen, wie sie im WWW oder in Unternehmensdatenbanken zu finden sind, auszuwerten. Daher wird auch das Information Retrieval ein maßgeblicher Einsatzbereich von CBR sein. Des Weiteren wird, laut Aha, CBR verstärkt zur Überwachung von Systemen (Monitoring) und im Knowledge Management eingesetzt werden. In beiden Bereichen geht es darum, Wissen oder Informationen zu sammeln und wieder verfügbar zu machen, d. h. einen Ausschnitt aus dem CBR-Zyklus anzuwenden.

Die Frage der Zukunft wird sein, auf welchen von diesen Gebieten sich CBR tatsächlich weiterentwickeln und durchsetzen kann. Aufgrund der Entwicklung bei aktuellen Veröffentlichungen liegt die Vermutung nahe, dass die Verbindung von Internet und CBR, wie sie z.B. in Wissensdatenbanken und elektronischen Verkaufsassistenten in Online-Shops Verwendung finden, eines der Haupteinsatzfelder der kommerziellen Nutzung sein wird. Darauf deuten auch Informationen einzelner Anbieter kommerzieller Systeme hin, die verschiedene Projekte in diesem Bereich vorantreiben.

# Literaturverzeichnis

Aamodt, A.; Plaza, E.: „Case-Based Reasoning: Foundational Issues, Methodological Variations, and System Approaches", in: *AICom - Artificial Intelligence Communications*, 7. Jg., Nr. 1, 1994, S. 39-59.

Acorn, T. L.; Walden, S. H.: „SMART: Support Management Automated Reasoning Technology for Compaq Customer Service", in: Scott, C.; Klahr, P. (Hrsg.): „Proceedings of the 4th Conference on Innovative Applications of Artificial Intelligence, IAAI-92", AAAI Press, Menlo Park 1992, S. 3-18.

Aha, D. W.: „The Omnipresence of Case-Based Reasoning in Science and Application", in: *Knowledge-Based Systems*, 11. Jg., Nr. 5-6, 1998, S. 261-273.

Aha, D. W. et al.: „Instance-Based Learning Algorithms", in: *Machine Learning*, o. Jg., Nr. 6, 1991, S. 37-66.

Alpar, P.: „Kommerzielle Nutzung des Internet", 2. Auflage, Springer, Berlin u.a. 1998.

Beam, C.; Segev, A.: „Electronic Catalogs and Negotiations", CITM Working Paper 96-WP-1016, Fisher Center for Information Technology & Management, Berkeley 1996.

Bergmann, R.; Stahl, A.: „Similarity Measures for Object-Oriented Case Representations", in: Smyth, B.; Cunningham, P. (Hrsg.): „Advances in Case-Based Reasoning - Proceedings of the 4th European Workshop on Case-Based Reasoning, EWCBR-98", Lecture Notes in Computer Science 1488, Springer, Berlin u.a. 1998.

Cover, T. M.; Hart, P. E.: „Nearest Neighbor Pattern Classification", in: *IEEE Transactions on Information Theory*, Jg. IT-13, 1967, S. 21-27.

Fahrmeir, L. et al.: „Diskriminanzanalyse", in: Fahrmeir, L. et al. (Hrsg.): „Multivariate statistische Verfahren", 2. Auflage, Walter de Gruyter, Berlin u.a. 1996, S. 357-435.

Gates, G. W.: „The Reduced Nearest Neighbor Rule", in: *IEEE Transactions on Information Theory*, Jg. IT-18, 1972, S. 431-433.

Hanney, K. et al.: „What Kind of Adaptation do CBR Systems Need?: A Review of Current Practice", in: Aha, D. W.; Ram, A.

(Hrsg.): „Adaptation of Knowledge for Reuse: Proceedings of the 1995 AAAI Fall Symposium", AAAI Technical Report FS-95-04, AAAI Press, Menlo Park 1995, S. 41-46.

Hart, P. E.: „The Condensed Nearest Neighbor Rule", in: *IEEE Transactions on Information Theory*, Jg. IT-14, 1968, S. 515-516.

Inference Corporation: „Customer Success Stories: LucasArts Entertainment Company LLC", erhältlich unter: http://www.inference.com/customers/success/lucasarts.html, Abruf am 13.05.1999.

Kaufmann, H.; Pape, H.: „Clusteranalyse", in: Fahrmeir, L. et al. (Hrsg.): „Multivariate statistische Verfahren", 2. Auflage, Walter de Gruyter, Berlin u.a. 1996, S. 437-536.

Kolodner, J. L.: „Case-Based Reasoning", Morgan Kaufmann Publishers, San Mateo 1993.

Kolodner, J. L.; Leake, D. B.: „A Tutorial Introduction to Case-Based Reasoning", in: Leake, D. B. (Hrsg.): „Case-Based Reasoning: Experiences, Lessons, & Future Directions" AAAI Press, Menlo Park 1996. S. 31-65.

Kontkanen, P. et al.: „A Bayesian Approach for Retrieving Relevant Cases", in: Smith, P. (Hrsg.): „Artificial Intelligence Applications", Proceedings of the EXPERSYS-97 Conference, IITT International, Gournay sur Marne 1997, S. 67-72.

Leake, D. B.: „CBR in Context: The Present and Future", in: Leake, D. B. (Hrsg.): „Case-Based Reasoning: Experiences, Lessons, & Future Directions", AAAI Press, Menlo Park 1996, S. 3-30.

Leake, D. B. et al.: „Learning to Improve Case Adaptation by Introspective Reasoning and CBR", in: Veloso, M.; Aamodt, A. (Hrsg.): „Case-Based Reasoning Research and Development: Proceedings of the 1st International Conference on Case-Based Reasoning, ICCBR-95", Lecture Notes in Computer Science 1010, Springer, Berlin u.a. 1995.

Leake, D. B. et al.: „A Case Study of Case-Based CBR", in: Leake, D. B. und Plaza, E. (Hrsg.): „Case-Based Reasoning: Research and Development", Lecture Notes in Computer Science 1266, Springer, Berlin u.a. 1997, S. 371-382.

Lenz, M.: „Experiences from Deploying CBR Applications in Electronic Commerce", in: „Proceedings of the 7th German Workshop on Case-Based Reasoning, GWCBR-99", Würzburg 1999.

Lenz, M. et al.: „Informationsrecherche, Assistenzagenten und e-lektronische Produktkataloge für das WWW", in: *Künstliche Intelligenz*, o. Jg., Nr. 3, 1998, S. 49-55.

Mark, W. et al.: „Case-Based Reasoning: Expactations and Results", in: Leake, D. B. (Hrsg.): „Case-Based Reasoning: Experiences, Lessons, & Future Directions", AAAI Press, Menlo Park 1996, S. 269-294.

Richter, M. M.: „The Knowledge Contained in Similarity Measures - Remarks on the invited talk given at the 1st International Conference on Case-Based Reasoning, ICCBR' 95", Kaiserslautern 1995.

Richter, M. M.; Wess, S.: „Similarity, Uncertainty and Case-Based Reasoning in PATDEX", in: Bayer, R. S. (Hrsg.): „Automated Reasoning", Kluwer Academic Publishers, Dordrecht 1991, S. 249-265.

Riesbeck, C. K.; Schank, R. C.: „Inside Case-Based Reasoning", Lawrence Erlbaum Associates, Hillsdale 1989.

Rust, U.: „Effiziente Verkaufsgespräche dank intelligenter Technologie", *iomanagement*, o. Jg., Nr. 6, 1998, S. 68-72.

Simoudis, E.; Miller, J.: „The Application of CBR to Help Desk Applications", in: Bareis, R. (Hrsg.): „Proceedings of the DARPA Case-Based Reasoning Workshop", Morgan Kaufmann Publishers, San Fransisco 1991, S. 25-36.

Skalak, D. B.: „Using a Genetic Algorithm to Learn Prototypes for Case Retrieval and Classification", in: „Proceedings of the 12th National Conference on Artificial Intelligence (AAAI-93) Case-Based Reasoning Workshop", AAAI Press, Menlo Park 1993, S. 64-69.

Stolpmann, M.; Wess, S.: „Optimierung der Kundenbeziehungen mit CBR-Systemen", Addison-Wesley, Bonn u.a. 1998.

Tecinno GmbH: „CBR-Works 4: Introduction to the Case-Query-Language (Version 2)", Kaiserslautern 1999.

Tirri, H. et al.: „A Bayesian Framework for Case-Based Reasoning", in: „Proceedings of the 3rd European Workshop on Case-Based Reasoning, EWCBR-96", Lausanne 1996.

Todeschini, R.: „k-Nearest Neighbour Method: the Influence of Data Transformations and Metrics", in: *Chemometrics and Intelligent Laboratory Systems*, o. Jg., Nr. 6, 1989, S. 213-220.

Watson, I.: „Applying Case-Based Reasoning: Techniques for Enterprise Systems", Morgan Kaufmann Publishers, San Fransisco 1997.

Wilke, W. et al.: „Fallbasiertes Schließen zur Kreditwürdigkeitsprüfung", in: *Künstliche Intelligenz*, o. Jg., Nr. 4, 1996, S. 26-33.

Woltering, A.; Wess, S.: „Entscheidungsunterstützungssysteme und fallbasiertes Schließen", in: *Wirtschaftsinformatik*, 38. Jg., Nr. 1, 1996, S. 17-22.

# Kapitel 9:

# Data Mining in der Versicherungs- wirtschaft


Dipl.-Wirtsch.-Inf. Tülay Aksu

SAS Institute GmbH

In der Neckarhelle 162

69120 Heidelberg


Dipl.-Kfm. Andreas Wittemann

c/o Lehrstuhl für Wirtschaftsinformatik II

Universität Mannheim

L5, 6

68131 Mannheim

# Inhaltsverzeichnis

# 1 Einführung

Diese Abhandlung basiert auf einer in einem großen deutschen Versicherungsunternehmen durchgeführten Untersuchung, deren Aufgaben die Auswahl eines Data Mining Tools und seine Anwendung auf einen vorbereiteten Datenbestand waren.

In der Literatur wird ein gewisses Defizit an Veröffentlichungen über Anwendungserfolge und -probleme beim Einsatz von Data Mining Tools in der Wirtschaftspraxis deutlich. Häufig werden derartige Untersuchungsergebnisse wegen ihrer strategischen Bedeutung vertraulich behandelt und daher nicht publiziert. Die besondere Motivation zu dieser Veröffentlichung besteht deshalb darin, einen Beitrag zur Schließung dieser Lücke zu leisten, wobei die Daten - aus verständlichen Gründen - anonymisiert wurden.

Bis zur Umsetzung der „Dritten Richtliniengeneration der Europäischen Union" in nationales Recht im Jahr 1994 war der deutsche Versicherungsmarkt weitgehend reguliert. Wesentliches Organ der Reglementierung, deren rechtliche Basis das Versicherungsaufsichtsgesetz (VAG) von 1901 und das Versicherungsvertragsgesetz (VVG) von 1908 darstellen, ist das Bundesamt für das Versicherungswesen (BAV), zu dessen wichtigsten Aufgaben die Erteilung von Zulassungen zur Aufnahme des Geschäftsbetriebes an Versicherungsgesellschaften gehört. Während das BAV diese Funktion weiterhin wahrnimmt, ist die Pflicht zur Genehmigung von Versicherungsbedingungen, Produktbeschreibungen und Tarifen einschließlich deren Kalkulationsgrundlagen durch das BAV mit der o.g. Deregulierung entfallen. Neben dieser Lockerung der im Vergleich mit anderen Ländern der Europäischen Union (EU) besonders strengen Form der deutschen Marktaufsicht führte die Deregulierung zur Einführung des Herkunftsstaatsprinzips, wonach die Zulassung von und die Aufsicht über ein Versicherungsunternehmen in dem Staat der EU vorgenommen wird, in dem es seinen Hauptsitz hat.

Diese Veränderungen der gesetzlichen Rahmenbedingungen haben zu einer Zunahme von Anbietern und innovativen Produkten und damit zu einer Verschärfung des Konkurrenzdrucks für die deutsche Versicherungswirtschaft geführt. Bis 1994 wurden wesentliche Grundlagen dieser Informationen u.a. vom Verband der Schadenversicherer (VdS) zur Verfügung gestellt, beispielsweise Tarifempfehlungen auf Basis der Unternehmensdaten, zu deren Weitergabe die Mitglieder des VdS verpflichtet waren (vgl. o.V. 1996). Durch die o.g. Aufhebung der Genehmigungspflicht für Tarife und deren Kalkulationsgrundlagen ist die Bedeutung der vom VdS zur Verfügung gestellten Daten gesunken und wird auch weiterhin zurückgehen. Dies hat zur Folge, dass der Verband seit 1995 keine Tarifempfehlungen mehr, sondern nur noch eine unverbindliche Studie herausgibt.

Der abnehmende Aussagegehalt der Verbandsdaten, der zunehmende Konkurrenzdruck und die Notwendigkeit zur verstärkten Entwicklung von Produktinnovationen erhöhen die Nachfrage nach unternehmensinternen Daten. Diese werden besonders für die adäquate Prämienkalkulation der spartenmäßigen Produkte benötigt. Die Prämienhöhe ergibt sich aus den individuellen Ausprägungen der Tariffaktoren eines Kunden (z.B. Wohnort). Die Kalkulation der Prämie setzt daher die Analyse des zur Verfügung stehenden Datenbestandes in der Weise voraus, dass Zusammenhänge zwischen einzelnen Datenfeldern aufgezeigt werden können. Hier ist beispielsweise an die Abhängigkeit der Schadenhäufigkeit vom Wohnort eines Kunden zu denken.

Der Umfang der Datenbasis, die Komplexität der zwischen einzelnen Daten bestehenden Beziehungen sowie der Wunsch, auch bislang nicht bekannte Abhängigkeiten zu ermitteln, überfordern konventionelle Werkzeuge wie SQL, so dass nach neuen Möglichkeiten der Analyse gesucht werden muss. Eine dieser Vorgehensweisen stellt Data Mining dar, das im Folgenden kurz vorgestellt wird.

# 2 Infrastruktur der Datenverarbeitung des Versicherers

Die Server-Ausstattung des Unternehmens basiert auf Großrechnern. Der Zugriff auf die zentral gehaltenen Daten erfolgt über Arbeitsplatzrechner. Insbesondere auf dem Gebiet der such- und verarbeitungsintensiven Decision Support-Systeme (DSS) werden leistungsfähigere Rechner mit auf Symmetrical Multi Processing (SMP) und Massiv Parallel Processing (MPP) basierenden Architekturen eingesetzt. Als Betriebssysteme werden WinNT und AIX verwendet. Als Client-Software kommen größtenteils Standardprodukte zur Anwendung. Darüber hinaus stehen Informix-Datenbanken zur Verfügung, die auch die Basis für das Data Warehouse darstellen.

Die Deckung des Informationsbedarfs der Direktion und der Filialdirektionen wird durch eine integrierte Anwendungslösung zur Informationsdarstellung und -analyse sowie zur operativen, taktischen und strategischen Entscheidungsfindung unterstützt. Die in diesen Systemen gehaltenen Informationen bilden das Data Warehouse und stellen unter anderem die Ausgangsbasis für die Produktentwicklung und Marketinganalysen dar. Von großer Bedeutung ist vor allem der unternehmensweite Ansatz des Data Warehouse-Konzepts. Hiermit wurde eine für das Unternehmen integrierte Datenbasis geschaffen, die von den Führungskräften und Controllern genutzt wird, und die Grundlage für ein umfassendes Decision Support-System bildet. Im Umfeld des Decision Support-System-Projektes wird der Einsatz von Data Mining-Methoden untersucht.

# 3 Kriterien zur Beurteilung von Data Mining Tools und Auswahl

Bei der Unterstützung der Suche nach verborgenen Informationen braucht der Anwender ein leicht zu benutzendes, leistungsfähiges und verlässliches Data Mining Tool, weshalb die folgenden Kriterien vorgegeben wurden (vgl. Edelstein, H.; Gerritsen, R. 1997):

- Mustererkennung

  Eines der Schlüsselmerkmale eines Data Mining Tools ist die Fähigkeit, Zusammenhänge in den Daten zu entdecken, die durch bestimmte Muster beschrieben werden. Muster sind durch Häufigkeiten der Beziehungen innerhalb der Daten charakterisiert. Bei der Analyse darf das Tool jedoch nicht automatisch davon ausgehen, dass die stärkste Ausprägung auch die aussagekräftigste ist, da es sich dabei lediglich um das Ergebnis eines fundamentalen Zusammenhangs handeln kann.

- Unterstützte Methoden

  Die Data Mining-Methoden sind für bestimmte Aufgabenstellungen unterschiedlich gut geeignet. Ein wesentliches Entscheidungsmerkmal ist somit die von dem Tool benutzte Methode. Um eine Vielzahl von Möglichkeiten zur Ergebnisanalyse zu erhalten, ist der Einsatz von hybriden Systemen, d.h. Systemen, die mehr als eine Methode unterstützen, zu empfehlen.

- Datenverarbeitung

  Da meist große Datenmengen verwaltet werden, ist es sehr wichtig, dass das Tool entsprechend umfangreiche Mengen verarbeiten kann. Um effizient mit realen Daten umgehen zu können, sollte ein Data Mining Tool weiterhin verlässlich sein, da die Datenbasis fehlende oder unvollständige Daten enthalten kann, mit denen das Data Mining Tool umgehen muss. Schließlich sollte das Tool Daten unterschiedlicher Formate verarbeiten können.

- Versionsführung

  Die Software muss das Wiederfinden und den Vergleich verschiedener Analyseläufe unterstützen. Dazu zählt auch die einfache Modifikation von Parametern.

- Anpassung in die Systemlandschaft

  Die Unterstützung der vorhandenen Informationssysteme ist wichtig, da sonst große Migrationskosten auftreten können. Tools, die nicht direkt mit den Datenbanken kommunizieren, können die Speicherressourcen und -kosten durch das Zwischenspeichern sehr stark belasten. Es ist zu untersuchen, ob für die Verknüpfung zur eigenen Datenbank zusätzliche Software benötigt wird.

  Data Mining-Anwendungen sind typischerweise Einzellösungen. Um die Leistungsfähigkeit des Tools zu erhöhen, sollte man darauf achten, dass es auf Mehrprozessor-Technik basiert, um die Verarbeitungsgeschwindigkeit zu erhöhen und potentielle Engpässe zu vermeiden.

  Um repräsentative Ergebnisse zu erzielen, ohne an Ressourcengrenzen zu stoßen, ist die Datenhaltung auf einem Server sinnvoll. Durch rekursiv eingesetzte Methoden, wie z.B. Neuronale Netze oder Entscheidungsbäume, können nämlich sowohl die extrahierten Datenmengen als auch die Ergebnisse sehr schnell expandieren.

- Service
  Es gibt relativ wenige Tool-Anbieter, die ihren Sitz oder eine Vertretung in Deutschland haben und das nötige Know-how besitzen. Die Erfahrung sagt, dass es sich als nachteilig erweisen kann, mit einem ausländischen Tool-Hersteller zusammenzuarbeiten, der nur einen eingeschränkten Service in Deutschland bietet.

- Benutzerfreundlichkeit ist für den Einsatz in Fachabteilungen unbedingt notwendig.

- Anschaffungskosten
  Diese spielen, wenn sie in vertretbarem Rahmen bleiben, bei Großunternehmen, die Data Mining-Projekte durchführen wollen, meist nicht die entscheidende Rolle, können bisweilen jedoch außerordentlich hoch sein.

KnowledgeSEEKER wies von fünf untersuchten Tools die besten Voraussetzungen für den Einsatz im Rahmen des geplanten Pilotprojektes auf. Dies wurde durch ausgiebige Diskussionen in der Projektgruppe mit Hilfe eines Kriterienkataloges, ohne quantitatives Gewichtungsmodell, ermittelt.

# 4 Einsatz des Data Mining Tools

## 4.1 Allgemeine Probleme und Voraussetzungen

Data Mining ist ein sehr komplexer Prozess, bei dem es nicht nur darum geht, ein geeignetes Tool zur Datenanalyse einzusetzen, sondern auch darum, die benötigten Daten zu beschaffen und zu „bereinigen" sowie die relevanten Ergebnisse zu interpretieren.

Bei der Datenanalyse bestehen grundsätzlich zwei verschiedene Möglichkeiten: Zum einen können dem Tool-Hersteller die zu untersuchenden Unternehmensdaten zur Verfügung gestellt werden, zum anderen kann das Tool beim Unternehmen selbst installiert werden, um die Analyse vor Ort durchzuführen. Aus Gründen der Geheimhaltung ist die zweite Vorgehensweise zu empfehlen.

Weiterhin ist es wichtig, dass fachlich kompetente Mitarbeiter in den Data Mining-Prozess einbezogen werden. Das Wissen der Experten aus den entsprechenden Fachbereichen ist - ähnlich wie bei dem Einsatz von Expertensystemen - besonders bei der Datenauswahl und der korrekten Interpretation der Ergebnisse von großer Bedeutung.

Ausgangspunkt der Analyse sind die unter 5.2 genannten fachlichen Fragestellungen. Sie darf jedoch nicht statisch durchgeführt werden (streng sukzessive Abarbeitung der Fragestellungen), sondern muss flexibel auf neue, durch das Tool automatisch dargestellte unbekannte Zusammenhänge ausgerichtet werden. Hierbei können neue Sichtweisen auf die Daten gewonnen werden.

## 4.2 Fachliche Grundlagen für die Datenanalyse

Die Durchführung der Tarifkalkulation gehört zu den Aufgaben der Fachbereiche. Für die vorgenommene Analyse war jedoch nicht die Tarifkalkulation, sondern nur die Untersuchung der Grundlagen für die Tarifkalkulation von Bedeutung.

Gemeinsam mit dem Fachbereich wurden die folgenden Fragestellungen ausgearbeitet:

- Reicht der Umfang der Daten für eine eigene Tarifierung im ausgewählten Fachgebiet aus?

- Zur Erreichung von aussagekräftigen Ergebnissen bezüglich der Tarifierung ist ein ausreichender Datenumfang eine wichtige Voraussetzung. Es ist zu untersuchen, ob die vorhandene Datenbasis sowohl qualitativ als auch quantitativ diesem Anspruch genügt.

- Welche Klassifizierungen von Daten sind erforderlich und fachlich sinnvoll, um auf der Basis des Datenbestands eine Tarifierung durchführen zu können?

- Welche Beziehung besteht zwischen der Bündelung von Versicherungsverträgen in einem Versicherungsschein und der Schadenquote? (Koch, P.; Weiss, W. 1994)

- In diesem Zusammenhang interessiert die Fragestellung, ob bei einem Vertragsabschluss über mehrere Sparten die Schadenquote niedriger ist als bei dem Abschluss von Einzelverträgen.

- In welchem Verhältnis stehen die Dauer der Vertragsbeziehung und die Schadenquote zueinander?

- Die Stärke der Relation zwischen der Vertragsdauer, der Schadenhäufigkeit und dem Schadenaufwand sowie deren Einflussfaktoren sollten analysiert werden.

- Welche Korrelation besteht zwischen Umsatz (Jahresumsatz des zu versichernden Unternehmens), Versicherungssumme und Schadenquote?

- Welchen Einfluss haben die Nationalität des Versicherungsnehmers, die Lage des versicherten Grundstücks usw. auf die vorherigen Fragestellungen?

## 4.3     Der Data Mining-Prozess

Die Phasen des Prozesses werden je nach Aufgabenstellung meist rekursiv durchlaufen. Die Planung und Ausführung des gesamten Prozesses ist wegen seiner Komplexität kaum automatisierbar.

Die Durchführung der ersten zwei Phasen ist nicht vom Tool, sondern von der jeweiligen Datenstruktur und der Datenhaltung des Unternehmens abhängig. Sie können aus Zeit- und Ressourcengründen parallel zur Tool-Auswahl verlaufen.

**Datenauswahl**

Die Phasen Datenauswahl und Datenvorverarbeitung sind von großer Bedeutung. Ein unverfälschtes Analyseergebnis setzt die gründliche Überprüfung der Daten voraus.

**Analysedaten**

Zu Beginn des Data Mining-Prozesses wird untersucht, welche Analysedaten benötigt werden. Aufgrund dieser Festlegung muss geklärt werden, wie und auf welchen Systemen diese Daten gehalten werden. Hierbei ist die Trennung der Datenhaltung in operativen Beständen einerseits und im Data Warehouse andererseits zu beachten. Aus der großen Anzahl vorhandener Daten werden diejenigen ausgewählt, die für die Analyse inhaltlich relevant erscheinen. Einzelne Daten müssen eventuell nachfolgend ergänzt werden. Das Ziel der Datenauswahl ist die spartenübergreifende Sicht auf die Daten. In einem konkreten Fall einer durchgeführten Analyse standen z.B. 60 Felder (Kundenmerkmale) zur Verfügung.

**Datenherkunft**

Im Anschluss an die Festlegung der zu analysierenden Daten wird mit dem Fachbereich diskutiert, welche Datenquellen für die Extraktion geeignet sind. Hierzu sind meist zwei grundsätzliche Möglichkeiten zu untersuchen:

Bei der ersten Variante werden die ausgesuchten Daten über das Anwendungsprogramm direkt aus den operativen Beständen extrahiert, um eine eigene Datenbasis für die dispositiven Systeme zu erstellen. Speziell für diese Alternative müssen die vorhandenen Copy Management-Strukturen oft erweitert werden, was zeit- und kostenaufwendig sein kann.

Bei der zweiten Variante werden die Daten direkt aus dem Data Warehouse selektiert. Die Daten jedoch, die sich noch nicht im Data Warehouse befinden, müssen direkt aus den operativen Systemen entnommen werden.

**Datenvorverarbeitung**

In dieser Phase werden die zu verwendenden Daten und Informationen vorbereitet und bereinigt. Aufgrund neuer Erkenntnisse können sich hierbei die fachlichen Fragestellungen ändern, woraus sich die Notwendigkeit der Ergänzung von Datenfeldern ergeben kann. Am schwierigsten erweist sich häufig die Zusammenführung der Daten aus den operativen Systemen und dem

Data Warehouse mit ihren unterschiedlichen und oft sogar kontroversen Datenmodellierungen.

Die Bewältigung von Inkonsistenzen und Kompatibilitätsproblemen ist ein wesentlicher Bestandteil der Datenvorverarbeitung. Dabei geht es um das Entfernen oder Berichtigen von widersprüchlichen bzw. falschen Daten.

Die Ursachen für Inkonsistenzen in den operativen Daten liegen in der fehlerhaften, unvollständigen oder auch doppelten Erfassung von Daten. Da große Datenmengen nicht in einer einzigen Relation bzw. Datenbank gespeichert sind, können einzelne Informationen in einer Tabelle geändert oder gelöscht sein, während diese Aktualisierungen an anderen Stellen nicht nachvollzogen werden. Weiterhin können Daten durch fehlerhafte Programme verfälscht sein.

Die Datenvorverarbeitung kann wegen auftretender Inkonsistenzen sehr aufwendig werden. Die Überprüfung und Bereinigung der Daten führt meist zu einer Reduktion der für die Analyse geeigneten Datensätze. In einem Anwendungsfall konnten von ursprünglich ca. 500.000 ausgewählten Sätzen nur ca. 400.000 benutzt werden, um sie der nachfolgenden Transformationsphase zur Verfügung zu stellen. Berücksichtigt man, dass 60 Datenfelder der Untersuchung zugrunde lagen, musste das Tool mit mehr als 25 Millionen Daten arbeiten.

**Datentransformation**

In der Transformationsphase wird die Codierung der Datenfelder festgelegt, so dass das Data Mining Tool die Daten interpretieren kann. Die Notwendigkeit der Transformation kann sich aufgrund der Anforderungen des verwendeten Programms ergeben, so dass diese Phase tool-spezifisch ausgeführt werden muss. Je nach Tool kann die Phase der Transformation sehr mühsam und kompliziert sein. Bei KnowledgeSEEKER hingegen ist sie relativ einfach zu realisieren. Kategoriale Datenfelder, z.B. Länderkennzeichen, müssen hier nicht numerisch dargestellt werden. Das Tool hat jedoch den Nachteil, dass es eingeschränkte Funktionalitäten aufweist. Es werden beispielsweise einzelne Datentypen nicht immer automatisch vom System erkannt, so dass der Benutzer korrigierend eingreifen muss.

Bei der KnowledgeSEEKER zugrunde liegenden Data Mining-Methode Entscheidungsbaum ist die wichtigste Festlegung in der Transformationsphase die Angabe der abhängigen Variablen, d.h. des Datenfeldes, auf dem die Analyse aufbaut. Jedes beliebige Feld kann grundsätzlich als abhängige Variable dienen, aber nur ein Datenfeld kann tatsächlich ausgewählt werden, d.h. es gibt nicht die Möglichkeit, die Untersuchung auf der Ebene von zwei oder mehreren abhängigen Variablen durchzuführen. Während der Analyse kann die ausgewählte Variable jedoch geändert werden.

## Durchführung der Analyse

Zusammen mit dem Fachbereich wird für den ersten Durchlauf der Untersuchung beispielsweise die Schadenquote als Grundlage für die Tarifkalkulation als abhängige Variable ausgewählt. Die in Gruppen eingeteilte Schadenquote bildet damit die abhängige Variable als Basis für den Aufbau des Entscheidungsbaums.

Die Analyse beginnt mit der Wurzel des Entscheidungsbaums. In diesem Knoten wird die abhängige Variable Schadenquote dargestellt. Dieser liefert grundlegende Informationen zu der Datenmenge, die analysiert werden soll.

Nach der Erstellung des ersten Knotens gibt es zwei Möglichkeiten, den Entscheidungsbaum zu erzeugen. Bei der ersten Variante baut KnowledgeSEEKER den ganzen Baum automatisch auf, d.h. das Tool sucht und definiert alle Verzweigungen eigenständig. Eine Verzweigung entsteht durch Gruppierung ähnlicher Feldwerte. Hierbei wird nach der größtmöglichen Ähnlichkeit innerhalb der Gruppen und maximaler Varianz zwischen den Gruppen gesucht. Die gefundenen Aufspaltungen spiegeln die wichtigsten Abhängigkeiten wider. Die Datenfelder, die für die Analyse keinen Einfluss haben, werden automatisch nicht berücksichtigt (z.B. Kundennummer und Versicherungsnummer). Die Ansicht eines Entscheidungsbaums wird sehr schnell komplex und unübersichtlich, auch entstehen triviale Beziehungen. Im o.g. Anwendungsfall mit 407.392 Datensätzen war der Aufbau des gesamten Baums sehr aufwendig und dauerte auf einem schnellen Parallelrechner ca. 3,5 Stunden.

Die zweite Möglichkeit beim Aufbau des Baums ist die stufenweise und iterative Methode. Hierbei werden die Knoten Ebene für Ebene aufgebaut. Bei einer detaillierten Untersuchung der dritten Ebene des Entscheidungsbaums wurde so in einem konkreten Fall u.a. eine für den Fachbereich neue und interessante Entdeckung gemacht. Der relative Anteil der Verträge mit der höchsten Schadenquote stieg mit der Gesamtanzahl der Verträge pro Kunde.

Dies führte zu dem Schluss, dass die Kunden, die mehr Versicherungsverträge abschließen, pro Vertrag auch mehr Schäden verursachen. Diese Tatsache ist versicherungstechnisch nicht unmittelbar zu begründen. Besonders interessant war es, dass die Kunden mit mehreren Verträgen auch noch Prämienvergünstigungen, beispielsweise in Form von Rabatten erhielten.

Mit dieser Analyse wurde der Ansatz für die fachliche Fragestellung „Welcher Zusammenhang besteht zwischen Kundenanbindung und Schadenquote?" geschaffen. Das Ergebnis dieser Analyse wurde zur weiteren Untersuchung an den Fachbereich weitergeleitet.

**Interpretation und Bewertung der Tool-Ergebnisse**

Im Rahmen der Untersuchung wurden Tendenzaussagen bezüglich der Grundlagen der Tarifkalkulation gefunden. Die fachlichen Fragestellungen konnten dabei jedoch nur ansatzweise berücksichtigt werden.

Mit 407.392 Datensätzen und 63 Feldern war der Umfang der Daten eine gute Grundlage für die Analyse mit dem Data Mining Tool. In den Produktpräsentationen für die Auswahl des Tools wurden ca. 70.000 Datensätze und 25 Felder für eine aussagekräftige Untersuchungsbasis vorgeschlagen. Berücksichtigt man jedoch Datenfelder, die einen längeren Zeitraum abdecken, so ist eine größere Anzahl Datenfelder erforderlich. Um die Kapazitäten nicht unnötig zu belasten, können die bei der ersten Analyse entdeckten trivialen Beziehungen bei weiteren Analysen ausgeschlossen werden.

Nach tiefergehender Einarbeitung in die Fragestellungen wurde festgestellt, dass die Entscheidungsbaum-Methode für die Optimierung der Summenstaffeln bezüglich der Prämieneinnahmen nicht geeignet war. Hierfür kommt eher eine Fuzzy Logic-Analyse in Betracht.

Bei der Untersuchung von Beziehungen zwischen einzelnen Datenfeldern wurde einerseits der o.g. Zusammenhang der Schadenquote und der Kundenanbindung entdeckt, andererseits wurde das Verhältnis der Dauer der Vertragsbeziehung zur Schadenquote in Bezug auf die Datenfelder Beginn- und Stornodatum des Versicherungsvertrags analysiert. Bei der Überprüfung des Beginndatums stellte sich heraus, dass der Anteil der risikoreichen Verträge in bestimmten Zeiträumen eine hohe Auffälligkeit aufweist, die einer näheren Untersuchung bedarf.

Schließlich wurden die bereits existierenden fachlichen Erkenntnisse bezüglich des Zusammenhangs zwischen der Versicherungssumme und der Schadenquote mit KnowledgeSEEKER bestätigt.

Der Einfluss der Datenfelder Nationalität, Lage des Grundstücks, gebündelte Verträge, Branche, usw. auf die Schadenquote konnte aus zeitlichen Gründen nicht näher analysiert werden und blieb daher einer Folgeuntersuchung vorbehalten, deren weiteres Ziel eine für die Versicherung spezifische Klassifizierung der Tarifzonen über die Postleitzahlen ist. Diese muss der vom Gesamtverband vorgegebenen Zoneneinteilung gegenübergestellt werden. Hier fehlen zusätzliche Informationen, um die Postleitzahlen in Klassen kategorialer Werte aufteilen zu können.

Bei der Datenanalyse ist es nicht nur wichtig zu wissen, dass eine Beziehung zwischen den verschiedenen Datenfeldern existiert, sondern auch, wie diese Verbindung entstanden ist und welche Einflussfaktoren dabei eine Rolle gespielt haben. Diese Zusammenhänge der Fragestellungen können politische, unternehmensspezifische oder andere Hintergründe haben. Die mit KnowledgeSEEKER aufgezeigten Ergebnisse bedürfen deshalb einer eingehenden fachlichen Analyse. Ohne eine hohe fachliche Qualifikation ist die Interpretation und Bewertung der Daten nur in den einfachsten Fällen möglich.

## 4.4    Ergebnisse der Durchführung des Data Mining-Prozesses

Nach Abschluss des Data Mining-Prozesses lassen sich folgende Ergebnisse festhalten:

- Auf die ersten beiden Phasen, Datenauswahl und Datenvorverarbeitung, entfallen etwa 80 % des Gesamtaufwandes.

- Für eine Analyse ist es besonders wichtig, dass die notwendigen Überlegungen bezüglich der fachlichen Fragestellungen im Vorfeld angestellt werden. Ansonsten kann dies zu einem sehr zeitaufwendigen Prozess führen.

- Die Analyseergebnisse werden umso schneller und exakter erzielt, je besser die Unternehmensdaten vorher bereinigt werden.

- Der Data Mining-Prozess kann nicht gleichzeitig für sämtliche Bereiche eines Großunternehmens aufgebaut werden. Es ist sinnvoll, eine schrittweise Umsetzung anhand eines speziellen Fragenkomplexes vorzunehmen, wie dies auch beim Aufbau eines Data Warehouse zu empfehlen ist. So müssen lediglich aus wenigen Datenquellen die relevanten Informationen zusammengetragen werden.

Die Handhabung von KnowledgeSEEKER ist einfach. Nach der Zusammenführung der relevanten Daten können diese problemlos in das Tool eingelesen und untersucht werden. Besonders beeindruckend ist dabei die Schnelligkeit und die Flexibilität der Analyse. Aus den ersten Ergebnissen hervorgehende zusätzliche Fragestellungen können unter anderem durch eine einfache Erweiterung der Datenbasis zügig beantwortet werden. Die KnowledgeSEEKER zugrunde liegende Data Mining-Methode Entscheidungsbaum ist allerdings nicht für alle Datenanalysen geeignet. Für einige Anwendungsgebiete müssen gegebenenfalls mehrere Methoden angewandt werden.

# Literaturverzeichnis

Edelstein H.; Gerritsen, R.: „Enterprise Data Mining and Knowledge Discovery", in: The Data Warehousing Institute (ed.): „Knowledge Discovery and Data Mining: A Technical Introduction", part 2, Gaithersburg (Maryland, USA) 1997, S. 6 - 7.

Koch, P.; Weiss, W.: „Gabler Versicherungslexikon", Wiesbaden 1994, S. 327.

o.V.: „Versicherungsverbände schließen sich zusammen", in: *Süddeutsche Zeitung*, Nr. 251 vom 08. November 1996, S. 25.

# W





# Z

# Weitere Titel aus dem Programm

# Weitere Titel aus dem Programm

Dietmar Herrmann
**Effektiv Programmieren in C und C++**
Eine aktuelle Einführung mit Beispielen aus Mathematik,
Naturwissenschaften und Technik
4., akt. u. erw. Aufl. 1999. 492 S. Br. DM 52,00   ISBN-13: 978-3-528-05748-0

Datentypen - Kontrollstrukturen - Funktionen - Programmierprinzipien
- Einführung in OOP - Von C nach C++ - Arbeiten mit der Standard
Template Library

Roland Schneider
**Prozedurale Programmierung**
Grundlagen der Programmkonstruktion
2000. ca. 280 S. mit 250 Abb. Geb. ca. DM 39,90   ISBN-13: 978-3-528-05748-0

Die vier Programm-Modelle - Einphasen- und Mehrphasenprogramme
- Stapelverarbeitungsprogramme - Dialogprogramme als Mehrphasenprogramme

Paul Alpar, Heinz Lothar Grob, Peter Weimann, Robert Winter
**Anwendungsorientierte Wirtschaftsinformatik**
Eine Einführung in die strategische Planung, Entwicklung und
Nutzung von Informations- und Kommunikationssystemen
2., überarb. Aufl. 2000. 448 S. Br. DM 49,80    ISBN-13: 978-3-528-05748-0

Informations- und Kommunikationssysteme (IKS) in Unternehmen -
Informationsmanagement und Controlling der Informationsverarbei-
tung - Betriebliche Anwendungssysteme - Vorgehensmodelle, Methoden und Werkzeuge zur Systemplanung und -entwicklung - Rechner-,
Netz- und Softwarearchitekturen - Client-Server-Architekturen -
objektorientierte Datenbanken

Abraham-Lincoln-Straße 46
65189 Wiesbaden
Fax 0611.7878-400
www.vieweg.de

Stand 1.4.2000
Änderungen vorbehalten.
Erhältlich im Buchhandel oder im Verlag.